TEA FLAVOR

識。
茶風味

Charming Choice 茶米店

藍大誠——著

Tea Flavor

拆解風味環節、
建構品飲系統，
司茶師帶你
享受品茶與萃取

目錄 Contents

Chapter 2 ———————————

從品種、產季、產地
與製作探討茶風味

Chapter 3

找出喜愛的風味！
茶湯萃取實驗室

Chapter 4 ────────────────

茶款 Tasting Notes

SP 特別篇：茶與烈酒的微妙組合

推薦序

咖啡職人 黃世丕

茶葉質地來自天然環境好壞與否，可謂天生地養；
茶的風味香氣則強調製茶工藝，可謂人為造做；
但
自然氣候會被破害，
人為造做會被做假。

現今要讓茶葉得以永續發展，
保護自然生態的平衡、回歸茶心的本質。
建議服帖：
良心種茶、良心製茶、良心賣茶。

從事咖啡26年，茶然，咖啡亦然。

清酒職人 歐子豪

同為發酵飲品的茶與日本酒有許多相同的連接點，
大誠以易懂的品飲技巧解說與特殊的延伸性圖解敘述了屬
於台灣的茶風土。
選杯適合自己的茶品，滋潤更多的生活品味。

堂本麵包
陳撫洸

我喜歡喝茶，從有記憶以來，家中長輩的日常，和每天的飲水都有茶的存在，茶是我的生活，但不是我的研究，或是學問，熟悉到從沒想過要去探究它的身世、它的美好。偶而驚鴻一瞥的接觸到茶的文化，的確總是說不完的風雅和如同玄學般的存在。

接觸到這本書的文字，輕盈且立體，為入門者開了一扇很好的窗，除去朦朧的面紗，讓人能一窺究竟。品飲雖本身本就是一門玄學，眾口難調，好壞一言難盡，若是只談論個人喜好也難免有失偏頗。作者從認識茶，認識自己的感官開始帶入，讓我們在更科學的支持下，能找到屬於自己的味覺系統，對於我們這些漂浮在深似海的茶葉世界中的人，無疑是一大福音。看完這本書，喝茶，更自在了！

沉香職人・嵐香齋
許文濱

當我得知我好朋友藍大誠先生準備開始寫這本書時，老實說我的內心是非常訝異的，在我剛認識他的那個時候，他對於茶似乎還是一個懵懵懂懂的少年。第一次看到他的時候，覺得他當時在我們這個群體裡面，是非常異類的一個新新人類。

第一次體會他的茶席，印象非常深刻：那是一種美式茶席，他帶著一個很嬉皮的帽子，有美式的海報，他就在那邊泡茶…。我看著他那時候的狀態，當下感到十分驚艷。或許在這樣一個年代，在這個一個時代當中，我們會被那些所謂的人文，所謂的文化給框住、給綁住了，但

是，在他的身上、在他的茶席上，我似乎看不到所謂的包袱，而看到了一個全新的自然的表現。

在他書的內容裡，我更訝異的是，在歲月的過往中，他對於茶的認知、對茶的感悟，不知不覺早已遠遠的超乎我對他的認知。在和他相比之下的我，內心似乎有點羞澀，看到書中，他很大方地闡述著對於茶的感知，還有如何去學習茶道，甚至借鑒很多年輕人當下的玩茶、散茶、品茶的這種方式，帶入給更多的年輕人去喜歡茶。

就像他說的，泡茶其實可以很簡單，不用那麼的複雜，但是的確可以非常的生活，讓這樣一個生活更貼近、回歸到一個茶本色於生活的狀態。茶也可以很時尚。在他的這本書裡面，我看到，他想對這個時代的年輕人說：茶其實很好玩。

真的很謝謝他把這本書寫完，我也很期待，他在未來對整個台灣的茶文化圈有更大的貢獻，真心的祝福他。

現代延續傳統而品味，理解延續真實而美味

《深入大吉嶺，探尋頂級莊園紅茶》作者 楊適璟

　　從一場遵循古禮又帶入年輕轉折的茶囍宴，到經營起懷舊卻新意的茶葉品牌「茶米店」，在我眼裡看見的作者，一直在尊重過去與親近現在中拿捏融合。在以茶為業的背景下，傳統向來是不忘本源所累積的智慧資源根基，深究傳統可以穩穩的依循茶葉本質、回歸文化本意的傳承。另一方面隨著現代的多元需求、品味新知的不斷拓展，又培養著自己與時俱進的飲茶理念，保持的享茶熱忱。

　　這本書的結構取自於作者品茶泡茶與教學的寫實經驗，自然會是易懂實用。從平常飲食的味道認知，同理的利用本能感官來感受茶的風味。再解釋起風味是如何一點一滴的累積形成並產生差異，主要來自茶樹品種、來自茶樹生長時風土環境與茶園管理的影響、來自茶葉製作時專業理念與技術的執行，也來自保存狀態的改變。品茶時便可以藉由味道的表現，一步一步回溯分析，進而認識茶葉的特質個性。順著接談泡茶，依據對茶葉特質個性的理解，善用水質、器皿與技巧等逐步整合各項優勢，輕鬆的避除不愛或者強化偏愛的，引導茶葉的美味。

　　品茶的真實求知，至少在挑茶喝茶買茶時，能幫助自己明確選擇認同的品質風味與價值。品茶提升在細膩對味時，感官享受的層次之後還能觸動任何可能的延伸。可以慢慢欣賞味道中自然的生命力與人文的付出努力；可以隨著味道的起伏，感受寧靜的清理思緒、感受豐富的振奮精神、或者激發回憶與想像的滿足。

泡茶的以知而行，運作著事半功倍的經濟效率。能顧及當下的身心喜好，適應環境情境的狀態，利用器具的有效操作，發揮茶葉最大價值的美味影響力。事實上不僅如此，泡茶總能不斷提供期待或意外驚喜的，創造每個當下自己與茶共識共鳴的精彩風味。額外的再用心一點，經由專注泡茶的細節流程，還能達到調整心情、長期修養心境的效果。

作者串起自然、茶、人文之間緊密的風味關係，與這種互動關係長久發展的文化。書的內容因此有系統的連結傳統的本質深度到足以澄清真實，也符合現代的需求廣度到足以理解應用。一旦喝茶能發現風味中蘊藏的樂趣，一旦泡茶能簡單的取得美味，有切實動力的養成健康選茶泡茶喝茶的習慣，才有實際的舒展生活。

對我而言相關生命生活的，享受喝茶需要永續經營。健康的環境提供茶樹拙壯成長，健康的理念作為維持味道的豐富生命力，自己日常的品茶學習欣賞與泡茶靈活創造，加上適合時機的適切選擇，美味一直是整體包容深度廣度的延續。當茶的美味延續養護美化身心時，喝茶才具真實的調劑生活。

作者序

　　每次泡茶時，取出茶乾，先看一下茶葉的外觀，細聞茶乾的香氣，思考著用什麼樣的器具來表現它呢？一旁快燒開的水正雀躍著，器具選好了，溫個壺，將茶葉倒進壺裡，提起燒水壺輕柔地注水，等待茶葉浸泡時，整理一下茶盅與茶杯。

　　時間到，該出湯了，提起茶壺將茶湯注入茶盅裡，香氣在這此刻綻放。等不及想品嚐了，拿起茶杯，仔細端倪茶湯，茶湯顏色鮮豔清澈透亮，先啜吸一小口感受茶湯香氣，第二口讓茶湯均勻滑過舌面，茶的風味在此時清楚呈現，第三口喝滿入喉下肚，品味一下在口腔中與喉頭的每一個感受。

　　喝茶就是如此，就像在品味一道料理、一支紅酒、一款咖啡，如果有個伴一起喝茶，一起分享風味更好。我自己本身熱喜愛品味，尤其是湯湯水水的東西，茶、咖啡、紅酒、清酒、湯品，幾乎是日常必須品。

　　之前在臺中國家歌劇院經營一個茶空間，介紹茶款時常常聽到老一輩的客人回覆說：「下午我就不喝茶了，怕會睡不著」，或聽年輕的朋友說：「是茶道耶，好老派喔」，真的真的很想為茶辯解一下，大家對茶的誤會都太深了。喝茶真的會睡不著嗎？功夫泡茶就很老派嗎？其實喝茶就像在品味一道料理，可以感受到食材本身的風味與廚師的手藝，泡茶則可以想像成廚師使用最適合的烹調器具與手法來完成一道料理，應該要大火快炒或是低溫慢燉，都考驗著廚師的手藝。

泡茶也是一樣，用高溫用低溫，挑選不同材質的器具，來泡好一壺茶。喝茶並沒有那麼複雜，就是品味而已，會睡不著是在茶葉本身種植、製作與沖泡過程沒有掌控好。只要原料純淨、製茶工序完整、沖泡觀念正確，也能輕鬆享受純淨無負擔的茶。

　　「喝茶像一場無聲的饗宴，而風味是最真實的表現。」在世界三大飲品茶、酒、咖啡身上，風味是共通的語言。茶是有生命的，從產地到最後茶湯的呈現每一刻都在變化。茶湯表現不是只有單單沖泡者一個人的事而已，是一個生產者、沖泡者、消費者三方一起完成的關係，「沖泡者」只是一位茶的廚師而已，用手藝將茶表現到最好，若沒有農民的努力，今天就沒有這一杯風味極致的茶湯。從氣候、土質、施肥方式、品種、製作工序、沖泡方式、品味器具，每一個細節都環環相扣，都會影響最終風味的呈現。

　　茶與文化密不可分，每個人詮釋茶的方式都不一樣，有人講科學、講玄學，進而延伸到美學，而我喜歡用風味來詮釋，品茶是一件讓我們放鬆享受的事，我不喜歡用化學式來講茶，那只會催眠大家而已。此書以風味出發，用輕鬆易懂的方式舉例，來談談茶在不同風土條件與製作工藝下，會產生哪些不同特色的風味表現，還有泡茶過程的每一個細節。希望讀者們可以放下對茶傳統的既定印象，從風味來認識茶，透過喝來認識各種不同風味感受，讓自己未來能以輕鬆的方式認識不同飲品。

Charming Choice 茶米店　藍大誠

Tea Tasting

茶 的 風 味 品 評

▌茶的六感體驗

為何需要茶風味品評

茶 是生活品味的一部分，大可輕鬆自在地喝茶、享受茶帶給我們的美好，而且每個人口味喜好都不一樣，喝自己喜歡的就好，那爲何需要品評呢？在品飲者的角度，我們可以藉由有系統的品評方式認識茶風味的本質，更清楚地知道自己在喝什麼，進而選擇更適合自己的茶，也能重新思考更好的沖泡方式。而茶葉生產者可以藉由品評來回朔茶葉種植的細節，更加提升茶葉品質。在國際上，無論是品飲酒、咖啡，以風味爲主的品評方式已行之多年，其實我們在地的茶也能如此。

在日常生活中，我們對於風味的感受無所不在，就像吃火鍋選擇湯底的時候，會先了解菜單上的湯頭風味是昆布熬的？豬大骨熬的？藥膳燉的？到底是清甜或是濃郁？下完火鍋料之後，湯頭會變什麼味道？同樣都是在享受美食，如果有風味品評的統整，有助於我們更容易了解食物入口的感受，並發掘自己的喜好。

在談茶的風味品評之前，先來認識感官吧！我們的感官只有三成是來自於口腔的味覺，剩餘的七成則來自於嗅覺，而嗅覺又分成「鼻前嗅覺」與「鼻後嗅覺」，再加上「口感觸覺」的感受。有了這三個感官，才能架構組成爲一個完整風味感受，缺少一個都不行。推薦大家可以看一本書《味覺獵人》，在風味感官的部分寫得非常完整。

舉例來說，比方吃柳丁時，入口前聞到柳丁的香氣，此時香氣的表現不會太明顯，入口後，舌面感受到甜酸的味覺，一邊咀嚼時，口腔能感受

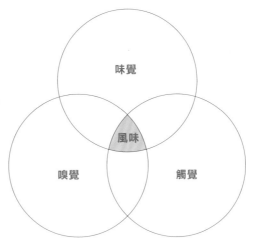

完整的風味感知，得包含味覺、嗅覺、觸覺，三者加在一起才算完整。

柳丁果肉與白色絲的口感，而果肉與白色絲的香氣由鼻後嗅覺來感受，綜合以上三個感官，就會讓大腦認定是柳丁的風味。以下，我們先認識一下感官對你的影響。

了解感官與風味組成

嗅覺

　　在三種感官當中，嗅覺感知比味覺高出許多，若喪失了嗅覺，我們會失去許多生活的樂趣。大家可以試著想像一下，感冒鼻塞的時候吃東西，會變得沒有味道；或可以試著捏著鼻子喝東西，也會變得沒有味道。嗅覺的感受與心理感受連結非常密切，我們聞到一些氣味時，身體馬上就會有反應，例如聞到很重的油耗味或脂肪酸化的味道，可能會讓身體有噁心的感受，這讓我們能快速判斷食物好壞，以避開對身體有害的東西。

　　如果對應在品茶上，當你拿到一杯茶的時候，先聞茶香、讓香氣繚繞在鼻腔，這時的嗅覺感受是「鼻前嗅覺」。茶湯經過喉頭之後，茶香氣從喉頭飄到鼻腔後端，後段感知的嗅覺稱為「鼻後嗅覺」，鼻前加鼻後嗅覺才等於完整的嗅覺感受。

鼻前嗅覺可以感受高揮發性的香氣分子，鼻後能感受到茶湯深層的香氣，透過喝茶時啜吸茶湯和空氣混合後揮發出來，藉由鼻後嗅覺來感受，還有停留在口腔中的單寧感會慢慢化開，轉換成香氣，這部分也是由鼻後嗅覺來感受。鼻後嗅覺經常讓我們誤認為是味覺的感受，其實不只有飲品，大部分吃食物、水果時在入口後咀嚼時，感受到的香氣都是從鼻後嗅覺感知的。

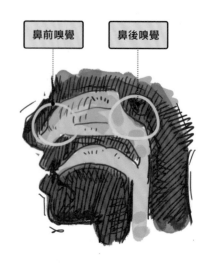

味覺

人體的舌面上約有一萬個味覺感受細胞，每個味蕾細胞都有對應特定的味道組合，整個舌面都可以感知到五種味道，包含了甜、酸、鹹、苦、鮮。甜在舌尖，鹹在舌頭兩側，酸在舌頭的兩側下緣，苦在舌根，而鮮是在整個舌面。其中，舌尖對甜的感受性較強，但不是只有單一甜味，其他部位也是如此。所以我們在品茶的時候，一定要讓茶湯完整地經過整個舌頭，才能感受完整風味。

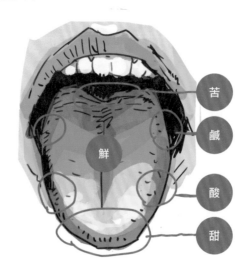

■甜味 —— 類似甘蔗、水果、糖霜、白糖、紅糖、黑糖、焦糖，這些都是會在茶湯中出現的甜味，是由茶本身的糖類與氨基酸，或是經過焙火焦糖化而產生的甜感。好茶本身不用加糖就會有自然的清甜感，甚至有些頂級茶款的甜味更是細緻豐富。大部分的人都喜歡甜味，因為甜味讓人們感到喜悅，就像有些人看到好吃的甜點時就會跑出第二個胃，不過適當攝取就好。

■酸味 —— 類似水果的酸味，例如：檸檬酸、莓果酸、柑橘類的酸，是茶葉含有的維生素C與有機酸所產生的酸感。許多人不敢喝酸的咖啡，因為他們都喝到脂肪酸化的咖啡，就對酸產生反感。茶與咖啡都會有類似新鮮水果的酸味與熟成水果的酸，像愛文芒果、鳳梨、紅蘋果屬於前者；而檸檬乾、鳳梨乾、龍眼乾、紅棗則屬於後熟水果的酸感，大部分的人都可以接受這樣的酸感。蜜餞、烏梅、果醋，這種水果醃製產生的酸感，雖然也是好的酸，但比較會有個人喜好的主觀見解。

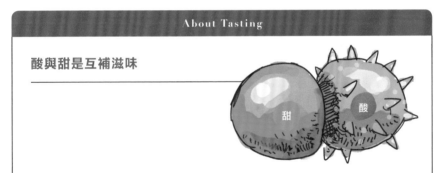

About Tasting

酸與甜是互補滋味

酸與甜這兩個味道是非常有趣的存在，他們是好朋友，幾乎都會一起出現，少了其中一個就會讓品味變得無趣。就像是吃檸檬的時候很酸但不甜，我們就沒辦法吃多；相對的，吃梅子時有了甜來陪襯酸感，整體接受度就比只吃檸檬高出許多。因為只要有酸度就會減低甜味的膩感，若單單只有甜沒有酸感，大概吃兩口就會膩了，舉個簡單的例子：單喝蜂蜜大約只能喝一小口，但是做成蜂蜜檸檬就能大口喝。酸與甜在大多數的甜點、紅酒、茶、咖啡中，都是微妙的共同存在。

■苦味 —— 舌頭對苦的敏感區域在舌根。一般人會分不清楚茶的苦與甘哪裡不同，對茶來說，不好的苦是類似西藥的苦，久久不會化開，相信大家應該都有吞藥丸卡在喉嚨的經驗，真的會苦到起雞皮疙瘩。在製茶過程中，若水分沒有處理好就會產生苦味，這是不好的味道。以中醫的角度看，有苦味就代表它偏寒，所以身體會自然地抗拒它。而「甘」是好的，是觸覺與甜感的綜合表現，有些茶質地厚實或泡得比較濃，剛入口時，高濃度的茶湯黏著於喉頭與口腔，在我們吞嚥口水後，高濃度的茶湯被稀釋化開而轉變成甘甜感。

　　許多年輕一輩的朋友看著自己家中長輩泡茶，長輩們通常都喜歡濃茶、喜歡那種回甘持久的感受，他們都說苦後回甘就像人生先苦後甘，他們都習慣泡得超濃！有時還因為放太多茶葉而讓壺蓋蓋不起來，其實就只是太濃而已，並不是真的苦。許多年輕人是因為喝到長輩泡的茶太濃，覺得很苦不好喝，就變得排斥喝茶了。

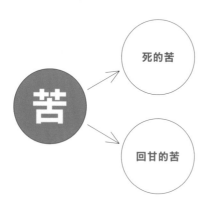

■鹹味 —— 這是茶比較不會出現的一種味道，當然也有比較特別的產區的茶會有鹹味，是因為土壤含有較高的鹽分，像是屏東滿州鄉的港口茶，做出來的茶就會有一些鹹味。或是使用高純度的動物性肥料，像是雞屎或尿素，這些肥料中含有的鈉也會讓茶有鹹味。

■鮮味 ── 鮮的日文是「旨味（うまみ）」，是難以具體描述的味道，像新鮮水果、食材、蛤蠣湯、海鮮湯、肉汁飽滿的牛排，它們都有滿滿的鮮味，許多清酒也會特別把旨味表現出來。剛製作好的新鮮的毛茶會有極高鮮味，是非常多茶饕客追求的味道，他們甚至會專門為茶買個冰箱來保存新鮮的茶葉。

觸覺

　　茶單寧、礦物質、果膠質是組合成茶葉口感的主要來源。可以嘗試用口腔去感受「茶湯的形狀」！這樣聽起來挺抽象的，我常常用水、清湯、濃湯、愛玉、果凍來比喻，好讓大家快速理解形狀的意思。茶葉在不同生長環境下會產生不同口感，像是溫度、日照、土地礦物質含量、有機質含量、施肥方式，還有使用什麼樣的水泡茶，這些都會影響茶葉本身的口感。再舉個火鍋湯底的例子，使用豬骨去熬煮的白湯，口感非常濃郁飽滿，而用柴魚昆布煮的湯就會有膠質且清甜滑順，這兩種不同的湯底在口腔中的感受就完全不同。

About Tasting

過多茶鹼會促使茶醉

許多消費者喜歡喝毛茶的原因，是因為毛茶有鮮味。若在一般環境下保存的毛茶，一個月後鮮味會直線下滑，而水味與刺激性就會浮現，這也是大多數的人害怕喝茶的原因。茶鹼的高刺激性會讓體質比較敏感的人分泌過多胃酸，也就是「胃謅謅」，會讓人心悸亢奮而導致晚上睡不著，甚至頭暈噁心想吐，類似喝醉的感受，這就是茶醉，也就是喝到過多茶鹼的緣故，Chapter2會詳細介紹毛茶。

「茶會澀嗎？」十個客人裡有七個會問我，還有許多喝茶的長輩們說：「不苦不澀就不是茶」，所以茶就一定會澀嗎？澀是觸覺的感受，一般人認知的「澀」分成兩種，一種是茶湯入喉之後，沾黏在舌面上的茶多酚與唾液接觸後會慢慢化開，轉化成更多層次的香氣，像是在品味紅酒入口後，感受到舌面上慢慢變化的香氣，這是好的，我們稱之為「單寧感」，也稱為收斂性。但是，單寧感太多會感覺有稜有角、不好入口，太少會顯得平淡無趣，適當的單寧感能讓我們充分享受品飲的樂趣。在品味茶湯、紅酒、清酒與咖啡時，停留在口腔中香氣變化的層次感，就是來自於適當的單寧感。

另一種，則是化不開的死澀，像是吃到過量的味精、未熟的柿子，感覺整個舌面都變得粗粗、顆顆的（台語），久久不會化開，這就是澀的感受。在製茶過程中，水分含量過高、走水不順暢的話，就很容易造成不好的澀感。

各種味道皆可出現在同一飲品當中，只要它們都取得平衡，就可以共存。像是鳳梨苦瓜雞湯，這是一個幾乎所有風味都有的例子，有鳳梨的酸甜感、苦瓜的苦甘味、雞湯本身有鮮味，油脂與雞骨形成湯底的口感表現，加一點海鹽剛好組合成完美的鳳梨苦瓜雞湯；鮮甜的湯頭與鳳梨黃色的點綴，讓所有感官都滿足到了。每個感官組合起來才是一道料理完整的風味表現。

茶湯滑過舌面時，從中間穿過舌尖到舌根，再擴散到整個舌面，隨著茶湯經過的時間的差異，在感知上，風味就會隨著時間變化。

甜　酸　鮮　苦

鹹

視覺

　　看到茶湯顏色鮮艷透亮，真的是一種視覺享受，但千萬要記住「入口為憑」。不論茶湯顏色深淺，最基本的條件就是要清澈透亮，絕對不可以是混濁的。

　　製茶工序不同，就會造成茶湯顏色深淺不同，因此顏色並不是主要品飲的重點，重點是「茶湯清澈度」。製茶工序完整的茶款會呈現清澈的顏色，難免會有一些小茶末在茶湯中，這是可以接受的。但如果茶是混濁的，就是完全不對的，大多是因為製茶工序與保存出了瑕疵，讓茶葉的含水量過高，使得茶葉裡的脂肪酸化變質所造成。

　　不過，有個有趣特例，質地厚重飽滿的紅茶在茶湯溫度降低時，茶湯中的醣類會產生乳化，讓茶湯變得像是加了牛奶一樣的乳白色，這時只要將茶湯加熱就會回復原本透亮的茶湯。

　　有個簡單的觀察方式，我們可以看看茶乾與沖泡完的葉底顏色是否均勻。整體顏色越均勻，表示茶款的製作越細緻，有些做工極致的茶款，即便沖泡過後，葉底顏色也還是一致的，顏色均勻的茶款，其風味表現也相對均勻。

觀察沖泡完的葉底，整片葉子顏色越均勻越好；左圖顏色不均，右圖則一致。

左邊為顏色均勻的茶乾，右邊顏色不均。

聽覺

用耳朵也能判斷茶葉好壞？可以的，但只有球型茶比較容易用聽覺來判斷茶葉狀態。把茶乾倒入茶壺時，聽聽茶葉撞擊到茶壺產生的聲音，如果是清脆叮叮噹噹的聲音，表示茶款本身質地好，揉捻、乾燥工序有做得確實，茶葉密度與硬度較高，才能發出清澈的聲響。相對的，質地較差或因為蟲害變得纖維化的茶款，茶乾密度與乾燥度相對也較低，聲音就會變得鬆鬆的。就像是在挑選西瓜一樣，輕輕地敲打，聽聽聲音的表現，是結實或鬆散，就能得知好壞。

體感

先摒除嗅覺與味覺，喝茶時身體所反應出的細微感受稱為「體感」。如果從種植、製作到沖泡，每一個製茶細節都做得完整且乾淨，這樣的茶對身體沒有任何負擔，讓你會想要一口接著一口喝，且心情放鬆愉悅。

在生活中仔細覺察身體的反應，像是我們吃過以純淨方式種植出來的稻米或水果，是既清爽又飽足的感受；或是蓋著剛曬完太陽的棉被，鬆軟又舒服，這些都是身體直覺的反應。因為茶葉的生長是根部吸收土地中裡的養分，以葉子行光合作用並轉化成能量，人們將葉子採下做成茶葉，茶湯入口時，這些能量會進到身體裡。在選擇茶葉時，建議選擇以友善土地栽種出的茶。

探究做好做滿的茶風味

在台灣，茶葉與其他嗜好飲品最大的差異就在於，通常茶還是茶乾，需要透過沖泡萃取才會產生茶湯，與手沖咖啡一樣；而紅酒、啤酒是已經裝瓶好的，所以沖泡者的理念與想法會表現在茶湯當中。長輩常說：「會泡茶的人，三百的茶也能泡出三千的口感」，就是指沖泡者對茶款的認識與沖泡理念很重要，會讓茶湯的風味表現完全不一樣，這個部分在Chapter3會完整介紹。

來好好的品味一款茶吧，該怎麼品味？有哪些細節是需注意的，每個步驟都很重要，也很有意思。

更細緻完整地感受茶

Step1 賞茶乾香氣與茶乾顏色

將茶葉置於茶則，泡茶之前觀察一下茶乾，看茶乾形狀、顏色均勻度，拿起茶則靠近鼻子，深深吸一口氣，用鼻前嗅覺來判斷這款茶的狀態，這時茶乾香味表現稱為「乾香」。

Step2 感受湯前香

用熱水將茶壺溫壺預熱，將茶乾置入壺內，輕輕地搖一下，讓茶乾溫度提升起來，再聞聞茶乾於茶壺裡的香氣，香氣表現會比乾香更加清楚奔放，這香氣稱為「湯前香」。

Step3 觀察茶湯顏色與聞香

浸泡時間到了，出湯吧。看茶湯的顏色，觀察顏色濃淡能判斷萃取濃度是否為我們此刻想表現的。聞聞茶湯的香氣，這階段是「湯面香」。

Step4 舌尖感受

啜吸一口茶湯，讓茶液接觸到舌面，最先感受到甜味的層次，一點點酸感，以及茶湯的重量感、溫度。

About Tasting

啜吸茶湯的方式

「啜吸」是將舌面捲成 U 型，頭部微低，小吸一口茶湯，讓吸進口腔中的空氣與茶湯充分混合，吸入口的空氣會帶著茶湯中的香氣分子來到鼻腔後端。切記，輕輕啜吸就好，太用力容易會嗆到，而且無法感受細微的香氣層次。

Step5 鼻後香氣

啜吸的方式會讓茶湯香氣更清楚地呈現，這時感受的香氣大多是茶湯深層的香氣。

Step3、4、5綜合鼻前與鼻後嗅覺感受到的茶湯香氣，就是一支茶的香氣表現，稱為「香氣」，用整體香氣的強弱是判斷茶款風味結構中「香氣Aroma」的表現。

Step 6 舌側感受

啜吸後，第二口茶湯喝滿一點，讓茶湯充分流到口腔的每個部分，果酸的感受綻放，細細品味酸與甜的質感層次、整體性與包覆感，舌尖加上舌側一起感受鮮爽與美味。

Step 7 舌面感受

感受整體性的茶湯形狀，也就是觸覺的部分。茶湯的滑順度、重量感、包覆感，擴散到整個舌面，與舌面的單寧感與礦物質感受。可用舌面將茶湯往上舉起，與上顎擠壓茶湯，更能感覺到茶湯的滑順度。

Step 8 舌根感受

茶湯經過舌根，有些微的甜，明顯感受到茶湯的苦甘和尾韻。

　　此時茶湯經過口腔後方，香氣往上經過鼻咽到達鼻後嗅覺，與味覺、觸覺結合才是完整的「風味 Flavor」表現。藉由整體風味層次多寡，來判斷茶款的風味表現，例如：只有單一種茉莉花香，或是前段茉莉花香＋中段青葡萄香＋尾段柑橘皮香，風味層次越豐富越好。

　　此時，再喝第三口增強對風味的印象，並且重複感受茶湯在口腔中的重量。我們會把整個口腔的質量感受用「滋味」來形容，在紅酒與咖啡品評稱為「Body」，整體的滋味感受強弱是在品評中重要的評分項目之一。長輩

會用「質」（台語）這個字來形容「滋味」的強弱，滋味飽滿就是「有質」，滋味不足是「沒質」。很有趣的，單單看「滋」這個字，老祖先就已經形容水（氵）在口腔內側凹槽（幺幺）中的感受，這就是繁體漢字的奧妙。

茶湯中的果膠質、氨基酸，會形成茶湯在口腔中的滑順度與包覆感。由口腔感受茶湯的形狀，是用「口感 Mouth feel」來形容。主要感受茶湯形狀的輕重、柔順、細緻或是粗糙，是品評中重要的評分項目之一。如果，茶湯入口的滑順度感受與水一樣沒有差別，那麼，這款茶的果膠質是幾乎沒有的，甚至更多了粗糙的纖維感受，這樣就是不好的。相對的，茶湯口感若像絲綢般涓涓細細的，或是像寒天一樣QQ的、有飽滿度，就是滑順細緻的表現。

Step 9兩頰、上顎、舌面感受

茶湯入口後，茶單寧會黏著在兩頰、上顎、舌面，有類似水果皮、柑橘皮及礦物質的感受。沾黏在口腔中的茶單寧，會刺激口腔產生唾液，唾液使得單寧慢慢化開，藉由鼻後嗅覺來感受茶單寧化開產生的香氣；茶單寧的香氣在Chapter2會詳細說明，在茶葉品評時，稱這樣的感覺為「生津」。

Step 10喉頭感受

茶湯入喉後，喉頭會回甘回甜，這與口腔的感受一樣，茶湯的濃度與結構完整時才會沾黏在喉頭，在吞下口水或喝水時，將這些濃度高的茶湯稀釋後，再次感受到的甘甜感，稱為「回甘」。

Step 11舌下、齒縫感受

細緻度高的頂級茶款才會有這兩種極細微的感受，也就是「舌下湧泉」、「齒縫也會生津」，這是來自於細緻且均勻的單寧感；只是，這樣的味覺感受並不顯著，因此需要特別去留意。

Step9、10、11 綜合這三個感受就是「尾韻」、「餘韻」的部分，在紅酒與咖啡品評稱為「Aftertaste」，是茶湯入口後，才會有的後段感受，在不同產區的茶款，這三個感受會不一樣，有些重喉頭回甘，有些生津明顯。在茶葉品評時，餘韻長短、複雜度、細緻度是重要的評分項目之一。

單看餘韻長短不一定表示茶款的優劣，是否有變化與細緻度才是重要的參考項目，複雜度指的是尾韻是否只有單一香氣，或是有多層次的香氣變化。例如：有些茶款的尾韻從柚木轉青蘋果皮香，再慢慢轉成柚子果肉的香氣，隨著時間變化的唾液分泌，慢慢將濃厚的茶單寧化開。而細緻指的是「在齒縫與舌下是否也有生津」的感受，是否能包覆到整個口腔。我會用水果的例子來解釋單寧感的強弱，輕微的單寧感像是水果的果肉，中度像是水果內膜，重度像是果皮。

品茶也有前中後味

一款茶在品評時，大致上會分前、中、後三個階段。前段品香氣，中段感受滋味，後段是餘韻。做好的茶在前中後整體風味表現上是「平衡」的，哪一項特別凸顯都不好。想像一下，我們到頂級餐廳點份排餐，有前菜、主菜、餐後飲料甜點，通常前菜與主菜都很好吃，而附餐飲料與甜點卻是惡夢，這樣的用餐經驗想必是每個人都有過的，會產生嚴重的失落感，好像一餐沒有做個 Ending 的感覺。或是看一場電影，前段鋪陳細膩，中段精彩，結局卻草草帶過，一樣會有失落感。平衡感在咖啡杯測稱為「Balance」，也是茶葉品評的重要評分項目。

我本身重視「平衡」，要做出凸顯香氣或滋味單一特色的茶都是容易的事，但想做出平衡的風味，就是考驗製茶師與焙茶師本身的手藝經驗與品評能力，還有對茶菁原料、氣候溫度的適作性都要非常理解。經驗豐富的泡茶者在沖茶時，需要有判斷茶乾的能力，運用不同的器具來表現平衡的茶湯。Chapter2、3 會完整介紹製茶過程與沖泡的各種方式。

除了整體平衡度,「乾淨度 Clean Up」最重要也是最基本的,老師傅會用「清(台語)」來形容,指的是茶湯風味中不可以出現不屬於茶本質的風味。茶要做到清,是最基本也是最困難的,要做出乾淨的茶,需要把每一個細節都處理好,考驗著種茶者、製茶者、焙茶者、泡茶者對茶本質的理解與掌握。

　　茶葉是很特別的原料,從種植、製作、保存、沖泡,每個環節只要觀念不正確就會產生不正確的味道,像是肥料味、菁味、水味、火焦味、油耗味都是不可以出現的。對於某些身體比較敏感的朋友,喝到這樣的茶就會產生頭暈、心悸、胃酸分泌、或睡不著的症狀,若喝了乾淨度不佳的茶款,也容易對身體造成負擔。可以想像成是吃了沒有煮熟或臭酸的食物,容易對身體腸胃造成不適。

About Tasting

好的茶湯如同滑順絲緞

如果我們用粗糙與細緻來形容茶湯,會感覺抽象、難以聯想,這兩個相對的形容詞需要用比較的才容易理解。若用麻布、棉布、絲綢來比喻,就能好懂得多,觸摸麻布時,明顯感受到織物的纖維感與顆粒感,棉布觸摸起來的纖維感則平順許多,絲綢就是極細纖維組合成輕柔滑順的觸感,這與風味的感受相同。粗糙茶湯的風味層次與滑順度低、單寧感偏高,有如粗麻般;細緻度高的茶湯就像絲綢般,有著涓涓綿長的風味層次,一入口就讓人驚艷難忘。

茶的風味感受

茶 的風味層次細緻且豐富，與酒、咖啡相較起來更爲細膩，需要細心體會才能感受，若有人能引導，便能快速的認識這些風味，一位亦師友的前輩曾說過一句非常貼切的話：「酒與咖啡的風味像是一個舞者在跳舞，吸引我們的目光，清楚地訴說它想表現的。茶呢，像是一本文學作品，靜靜地等著我們去閱讀去體會作者想表達的。」但是，個人喜好是主觀的，不管什麼風味都有人喜歡、有人討厭，不用執著於對錯，敞開心胸去欣賞吧。

　　茶葉就像容器，從葉子、葉脈到葉梗每個部位儲存的風味特色都不同，用風味特色來區分可分成三項不同風味特色的部位，以簡單易懂的圖像來解說，讓大家清楚認識茶風味的結構。品飲經驗累積到一定程度時，你會發現從葉子本身、茶湯結構、香氣結構、品飲感受這些角度來看，都可以用這樣的圖像來解釋，以下我們用三種形狀來想像串聯它們。

葉子、葉脈、葉梗代表的風味

圓（代表果膠質與氨基酸）

　　葉子表層的果膠質與氨基酸，儲存了揮發性高的香氣物質，它在外圍像皮膚般包覆著整個葉子，茶樹生長氣候、部分的製茶技巧、茶葉保存與烘焙造成的風味都會儲存在圓形裡面，大部分是前段較輕盈細緻的味道，也是茶湯中的香氣與滑順感的來源。

風味探究

1

香氣、甜度、口感

茶湯顏色		類似的風味
無明顯顏色表現		糖霜、新鮮蛋白、乳香、乳汁、鮮奶油、烤麵包
	淡黃	花粉、百合、梅花、檳榔花、白菊
	淺綠	青蘋果、芒果青、芭樂、萊姆、檸檬、甘蔗、青梅、麝香葡萄
	綠色	柑橘皮精油、綠豆、甘草、仙草、蘆筍、薄荷、初榨橄欖油
	琥珀	烤甘蔗、紅糖、麥芽糖、焦糖、花蜜

方（代表兒茶素與茶多酚）

葉子內部的兒茶素與茶多酚，儲存了大部分茶葉本身的香氣物質，像是皮膚底下的肌肉，讓整體風味結構有了線條與曲線。茶樹品種、施肥管理、部分製茶技巧與烘焙程度造成的風味都會在方形裡面，這些茶單寧溶於水中，造成口感中段沉穩的風味表現，以及茶湯中的茶感滋味。

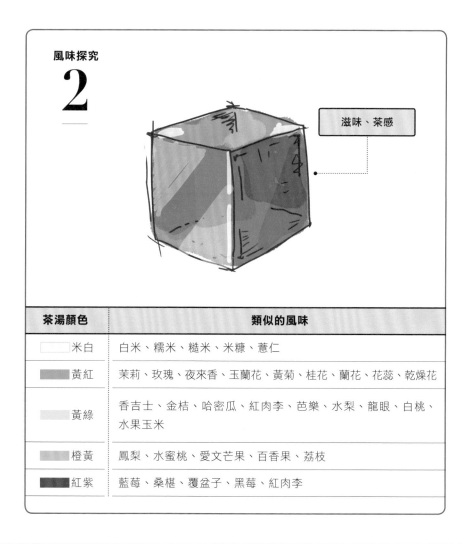

風味探究

2

滋味、茶感

茶湯顏色	類似的風味
米白	白米、糯米、糙米、米糠、薏仁
黃紅	茉莉、玫瑰、夜來香、玉蘭花、黃菊、桂花、蘭花、花蕊、乾燥花
黃綠	香吉士、金桔、哈密瓜、紅肉李、芭樂、水梨、龍眼、白桃、水果玉米
橙黃	鳳梨、水蜜桃、愛文芒果、百香果、荔枝
紅紫	藍莓、桑椹、覆盆子、黑莓、紅肉李

三角（代表茶單寧與礦物質）

葉脈與葉梗中的茶單寧與礦物質，儲存了植物纖維質的味道，像是骨架一樣支撐起茶湯整體的風味結構。土地管理、土地礦物質、完整的製茶與烘焙技巧造成的味道都在三角形裡，屬於後段較有纖維感與礦物質的味道，是茶湯的中尾韻與立體感。

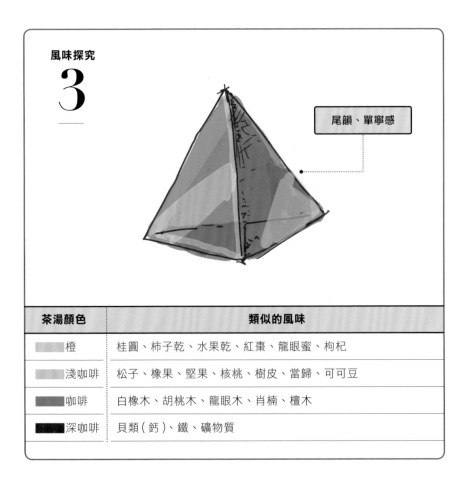

風味探究

3

尾韻、單寧感

茶湯顏色	類似的風味
橙	桂圓、柿子乾、水果乾、紅棗、龍眼蜜、枸杞
淺咖啡	松子、橡果、堅果、核桃、樹皮、當歸、可可豆
咖啡	白橡木、胡桃木、龍眼木、肖楠、檀木
深咖啡	貝類（鈣）、鐵、礦物質

沖泡者對於風味呈現的重要性

茶湯整體的風味表現，需要有圓、方、三角組合起來才能呈現完整的風味結構，例如：前段的甜感加上果酸，再加一些柑橘精油味，這三個味道組合在一起就會變成類似萊姆的風味。茶往往不只有一種風味，沖泡者可以依照茶款的風味特色來調整最終風味的呈現。圓形、正方形、三角形，分別代表著依照口味喜好萃取出不同比例，將它們組合起來就是一支完整的茶湯風味。

平衡的風味表現

我個人喜愛平衡的風味結構，三者比重均勻，風味表現既豐富又俐落。泡茶時習慣將茶的風味表現得輕柔平衡，讓人可以清楚地感受到前、中、後風味的層次與變化。

結構厚重的風味表現

　　有些人覺得滋味醇厚、尾韻綿長才算有喝到茶。若希望茶感、單寧感比重高，泡茶時可增加置茶量與浸泡時間，刻意表現結構厚重的飽滿茶湯，放大中後段的部分，讓品味者可以感受茶的結構與尾韻。

結構不明顯的風味表現

　　剛入門的品味者喜愛香甜滑順、不苦不澀的前段風味，膠質香氣的比重高、茶感與單寧感的比重低。萃取時，表現前段果膠質香甜滑順。毛茶也類似如此，含水量極高，大多萃取出較多前段的果膠質，中後段萃取比例少，結構較不明顯。

讓茶湯味道不對的五項原因

　　既然有好的味道，當然就有不好的味道！不該存在茶湯中的味道，包含了不當的種植施肥、不當工序、不當保存、錯誤沖泡方式…等，這些原因都會產生不對的味道，為何會產生這些味道，在Chapter2會完整地解釋。

1 保存不當

水味 、 濕木頭 、 海苔味 、 潮濕皮革 、 霉味

■水味：即純水的味道，像是飲料裡的冰塊大量融化時，水水的味道。
■皮革、潮濕皮革：寵物一陣子沒洗澡就會有這樣的味道。

2 烘焙不當

焦味 、 醬油味 、 油耗味 、 臭酸味 、 鐵鏽味

■醬油味：類似醬油的味道烘焙溫度偏高，使茶葉表面燒燙到所產生的。
■油耗味：像油放太久的味道，充滿油垢的廚房。
■臭酸味：類似廚餘酸掉的味道。
■焦苦味：烤焦碳化的味道。烘焙溫度過高，使茶葉表面燒焦而產生的苦味。

3 施肥不當

豆菁味 、 肥料味

■肥料味：許多人可能很困惑，農作物不是應該就要施肥嗎？施作的肥料種類可能有許多種，每種肥料都有自己的味道，肥料味會出現在茶湯中，表示施肥過度或土壤已經酸化，土地無法消化高濃度的肥料，就讓茶樹根部吸收所造成的錯誤味道。就像人類吃太多，或是腸胃益菌不足而造成消化不良，這些消化不良的肥料味道就會在茶湯中呈現出來。

製作不當

灰塵味 、 草菁味 、 竹菁味 、 苦味

■草菁味:在割草時或是燙青菜時可以清楚聞到,也就是植物本身的菁味。有不少人會把菁味誤認為是高山茶才有的「山頭氣」,其實是製茶過程中有瑕疵,才會產生菁味。許多蔬菜本身都有菁味,舉個自己的例子,個人覺得地瓜葉的草菁味很重,所以我不喜歡吃沒有處理好的地瓜葉。

■竹菁味:是綠色竹子特有的味道,與草菁味類似,菁味中帶有青竹子的味道。

■苦味:類似黃蓮的苦味,製作時走水工序不確實所產生的。

 加了化學物

臭蛋白味 、 尿素 、 茶精 、 糖精 、 香精

■尿素:動物性的氮肥,阿摩尼亞的味道。

■臭蛋白味:不新鮮的蛋白味,過度使用動物性肥料會有這個味道。

■化學藥劑:化學香精、茶精的味道是絕對不可以存在。

▌你也能累積自己的風味資料庫

有　看過漫畫「神の雫」侍酒師在形容一款酒的風味嗎？說明得完整又細緻引導，讓我們享受一款的酒的風味表現，感受釀酒師在釀造的心情與想法，甚至連當年的氣候，葡萄生長狀況都能清楚分享，讓人驚呼：「到底怎麼辦到的？！」。

　　「風味會真實紀錄一切」，在經驗豐富的品茶師面前，從土地狀況、茶樹品種、生長氣候、製作工序、沖泡過程，風味都會一一呈現。其實，只要透過細細品味，大量累積品飲經驗，加上清晰的思考邏輯與想像力，還有一顆勇於嘗試的心！再透過職人引導，就能更快速地累積自己的風味資料庫。

源自成長環境的風味記憶

　　成長過程中所建立的風味記憶是最深刻的，尤其傳統家鄉的味道更不容易被遺忘。我是台中人，老家在南投縣名間鄉，對於名間鄉特有農產品的味道特別有記憶，像是薑、九尾草、稻田、鳳梨、外婆家的檜木菜廚櫃，還有台中特有的麻薏湯。好友在新竹長大，他對於客家酸菜、福菜、梅干菜、四季豆乾、柿子乾的風味就特別有記憶，這些風味記憶都是每個人從小時候就累積起來的。因為生長環境不同，使得風味資料庫裡累積的資料也不同。每當我們品嚐到記憶深處的味道時，就會聯想到兒時的記憶。

　　有些風味記憶會帶著很多感情、很多畫面，不單單只有身體感受到的，更多是紀錄當下心情感受。有一次泡了收藏的「民國73年陳年烏龍」，年輕妹妹喝了一杯，馬上淚流滿面，她說：「想起了阿公，小時候是

阿公帶大的，阿公喝的茶就是這個味道」，風味記憶除了紀錄風味本身，還有當下的氛圍與情感。

建立與累積風味資料庫

　　嘗試建立「有檔名的風味記憶」是很有趣的，放慢腳步，細細感受生活圈中會接觸到的事物，品嚐各種食物、水果、蔬菜，或到花市聞聞各種花，將這些風味記憶起來，我們會清楚知道這些風味在資料庫中的檔案名稱，例如：之前舉例的柳丁，柳丁的柑橘類香味（嗅覺）＋果肉酸酸甜甜的（味覺）＋果肉與內果皮的口感（觸覺）＝柳丁風味，接著再吃看看柳丁與橘子，因為酸度甜度皆不同，資料庫累積了不同水果的風味記憶，我們就能夠分辨這兩種水果風味的差異。

　　茶的風味資料建立也是如此，透過品飲，記住一款茶的風味表現，假設這款茶是紅茶，大腦就會將這樣的風味表現紀錄成「紅茶」的風味。需不斷地品嚐各種不同的茶款，累積這些茶的風味表現，慢慢就能分辨出不同類型茶款風味的差異。有了這些風味資料，我們便能慢慢將它們歸類納入記憶資料庫。

每個風味檔案，都會同時包含味覺、嗅覺、觸覺。

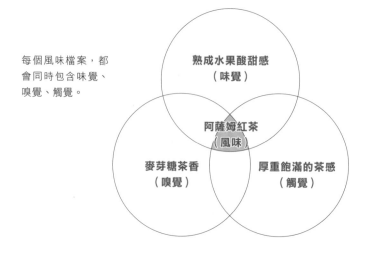

熟成水果酸甜感
（味覺）

阿薩姆紅茶
（風味）

麥芽糖茶香
（嗅覺）

厚重飽滿的茶感
（觸覺）

然而，每個人對相同名稱的風味記憶一定有差異，同樣都是柳丁，你的比較甜、我的比較酸，所以評鑑時需要校正到一致。Coffee Quality Institute 簡稱CQI（咖啡品質協會）的 Q Grader 咖啡品質鑑定師認證，訓練杯測師時，為了降低評鑑的差異，會使用香氣瓶校正每個人的風味認定，這樣做杯測時就可以降低太主觀性的風味認知。

日常品味練習⋯

1 花香

比方容易取得的玉蘭花，停紅綠燈時會有人在路邊賣的那種。試著遠遠地聞看看，花香輕柔雅緻；近近地聞，花香濃郁厚重，時間久了會膩。撥開花瓣，聞聞花蕊，花蜜香帶粉甜；吃吃看花粉，粉粉的感覺帶著濃郁花蜜香，單寧感輕盈持久，但是舌面有澀感。吃吃看花瓣，花香中微酸，咀嚼有輕微的植物纖維感。在室內放兩天之後，花香轉變了，變得成熟，不會那麼膩，再放到第五天，過熟了，有些花瓣枯萎，花香幾乎沒了，反而多了潮濕氧化的植物味。

2 青果香

比方青葡萄，不要一次吃完，分三次慢慢吃。整串拿起來聞，青葡萄香帶梗味。剝皮吃果肉，輕盈的水果酸甜感，果肉Ｑ彈多汁。單吃葡萄皮，有著青澀果皮香，單寧感附著在舌面上，越嚼越香。吃葡萄籽，咀嚼一下，青澀葡萄香纖維感重且微苦。葡萄梗，不要懷疑，就是葡萄梗，咀嚼看看，有點像在吃樹皮，外皮跟中心的味道不太一樣，纖維感很重，一點葡萄香、微微地甜，但是單寧感很重。放五天，葡萄熟成了再吃吃看，果酸降低、甜感增加。放八天，葡萄過熟了，有點像是水果撞到，果肉爛爛的，類似發黑的過熟香蕉。

從葡萄皮、葡萄果肉、葡萄籽，每個部位都可以累積不同的風味記憶。

風味的連結與引導

　　我們一定還有許多味覺記憶沒有名稱，稱為「沒有檔名的風味記憶」。有次喝到有些氧化味又帶果酸的茶時，我很難聯想是梅干菜的味道，因為我的風味資料庫裡沒有這樣的記憶，好友點出「這就是梅干菜的味道啊」，此時大腦就會把這個味道與梅干菜連結記憶起來，這樣我的資料庫中多了梅干菜風味的記憶，經由他人引導我們增加風味記憶的檔名。

　　剛開始學習品味時，腦中幾乎都是「沒有檔名的風味記憶」，可以跟老師或有經驗的朋友一起喝茶，聽聽他們怎麼描述風味，並且記住這些風味記憶，會是非常快的學習。跟著一個經驗豐富的師傅或朋友喝茶是非常重要的，記得有一次泡茶給老師傅喝，茶款是阿里山冬茶，前段蔗糖甜香，中段飽滿的口感帶桂花香，後段有一種木頭纖維感，正在思索是哪種木頭時，老師傅手指了一下竹子做的茶匙，拿起茶匙聞聞「帶青皮的竹子」，像這樣親身體驗到的風味記憶是很強烈的，木頭纖維感就有了「帶青皮的竹子」這個檔名。

　　當然，有正確的引導就會有錯誤的引導，自己就發生過這樣的事，發生在剛開始學習品酒的時候。當時喝Chardonnay品種的葡萄酒，這款酒的風味是輕盈白葡萄甜帶有新木桶的辛香料味與白橡木質感，在腦中我的感受是白葡萄果肉帶梗加一點山葵嗆味，前輩說這就像是貓尿的味道，從此我就把Chardonnay與貓尿味連在一起，而這個貓尿記憶連結一錯就是三年。一直到這幾年參加品酒會，在描述風味時說出「帶著貓尿的白葡萄汁」，大家驚訝的問我說：「所以，你喝過貓尿嗎？」當然沒喝過啊！錯誤的引導是會鬧笑話的，所以找對老師非常重要。

　　我喜歡與愛品味的朋友一起喝茶，互相分享自己對風味的感受，風味資料庫就能不斷更新校正。我們會鼓勵新加入的朋友，勇敢的說出自己對風味的見解，不用害怕對錯，因為每個人生長的環境與生活圈一定不同，說不定你有我沒有的風味記憶，敞開心胸一起品味吧。

日常品味練習…
到專業的精品咖啡館，點杯手沖咖啡，試著跟吧台手聊聊風味感受，請他引導品味。從高溫到低溫都要去嘗試，親自感受不同溫度層的風味表現。好比說，衣索比亞的耶加雪菲產區的豆子，是明亮果酸；而中美洲巴拿馬產區的豆子，則細緻綿密。嘗試不同產區的豆子風味表現，也聽聽吧台手的風味引導，再看看是否跟自己心中想的一樣。

▌茶風味拆解與想像

講 到這邊，想必大家都能輕鬆建立「有檔名的風味記憶」了，記憶資料庫也累積了不少，接下來就是整理與應用。同樣的風味記憶，在腦海中可以拆解成更細的風味感受，一款茶風味可以拆解成，「氣候」、「土地」、「初製」、「精製」、「存放」、「沖泡」、「水」，這七種重要的風味要素。

拆解風味需要不斷地累積品評經驗，我們可以將某些條件設定起來，例如同一個茶園不同季節，用同樣工藝做出來的茶款，因爲茶園管理條件是一樣的，這樣就能比較出不同季節的風味。比方，春茶「滋味」比較重、冬茶「香氣」清雅細緻，透過引導與累積，慢慢就能將「氣候」的風味記憶歸類整理出來。整理時可以利用Tasting Note，來幫助我們有系統地將風味拆解並且記錄，練習將每一個品評項目分開獨立的品評，最後再將這些項目組合起來，就形成一款茶的風味結構。

一款茶的風味成形要素

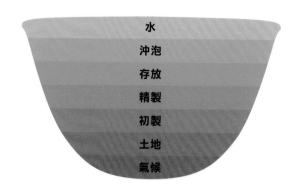

水
沖泡
存放
精製
初製
土地
氣候

　　不過，不一定會有準確的風味樣品讓我們對照，需要靠想像力來建構風味記憶。一樣用柳丁來舉例，每個柳丁風味幾乎不一樣，但基礎的風味特色是一樣的，可以把幾個風味條件列出來，這顆的甜、酸、果汁、纖維感到什麼程度，這幾個風味會因爲各種因素而變得不同，可能甜一點、很酸、沒什麼果汁、纖維感很重。我會在這幾個會變化的風味上想像並且調整，來建構風味記憶，如果您是很難想像的朋友，還是需要多多品味，讓資料庫更豐富。

日常品味練習⋯
平日可以嘗試「品水」，到超商買不同品牌的瓶裝，用同樣器型的杯子來品嚐，每款水的口感與風味都有些不同。建議可以買台鹽鹼性離子水（苗栗水源）、悦氏礦泉水（宜蘭水源）、多喝水（埔里水源）、法國Evian（法國阿爾卑斯山），一起做比較，就能分辨不同水質在甜度、口感、礦物質的差異性。

與茶搭配的各種風味組合

　　紅酒搭餐，茶也能搭餐，搭餐是風味組合的碰撞。白酒搭海鮮、紅酒搭牛排是既定印象，實際上需要考慮更多風味組合的細節。一位好的侍酒師能精準地推薦料理適合搭什麼樣的酒款，因爲在侍酒師的腦海中，除了完整的酒類風味記憶，還有各種料理的風味記憶。風味組合得好，會讓酒與餐互補、互相襯托，組合得不好則會互相干擾、造成悲劇。到底該怎麼搭配呢，最終還是會回到自己對風味的認識與掌握，實際操作測試才能得知最適合的。通常會建議選擇風味個性類似的來搭配，例如清新酸甜的Sauvignon Blanc白蘇維濃，配上鮮爽的海鮮非常適合！

那麼，茶怎麼搭餐呢？茶搭餐更考驗著侍茶師對於茶風味的掌握，與對於沖泡萃取技巧的熟練度，風味與茶湯濃度掌握也需要很精準，若茶湯濃度不對會搭不起來。大概有幾種建議的方向，高山鮮爽型的茶款適合白肉與海鮮料理，酸甜感鮮爽感互相襯托；有烘焙的凍頂烏龍，適合紅肉排餐，茶單寧不只能解膩，還能柔和彼此的口感。清甜的紅茶搭配甜點，適中的單寧平衡甜膩的風味。基本風味組合概念與紅酒一樣，都是互相襯托，再用疊加的概念讓風味層次更豐富。

　　除了搭餐，茶與酒精的結合是一件很有趣的事。普遍來說，茶在風味結構的滋味重量比烈酒薄弱許多，如果在標準濃度的茶湯當中點入一些烈酒，可以補足茶在滋味上較缺少的一塊，組合成一個風味結構完整的作品，有些風味組合像是失散多年的兄弟，非常契合呢。大多建議可以使用甘甜感較重的酒款，像是進過雪莉桶與波特桶的酒款都有不錯的風味。

品味無國界，多喝多學

　　什麼茶都要喝喝看，不設限於單一種風味，不管好壞對錯，都要勇於嘗試感受差異，這樣風味資料庫才會健全。茶的世界很大，台灣茶只佔了世界茶產量的0.4％，像是印度大吉嶺莊園茶、日本京都宇治的頂級綠茶、大陸的岩茶與普洱…等，世界上還有很多風味完整的茶款，都值得細細品味學習。

　　除了茶以外，把範圍再放更大，只要是飲品，葡萄酒、清酒、威士忌、精品咖啡都是同樣的品味方式，在不同的飲品身上可獲得更多風味記憶。雖然許多人對喜好風味會有主觀的見解，會獨愛某些風味取向的茶款，這樣容易變得固執鑽牛角尖，放寬心去學習吧。我本身除了茶，也愛喝清酒，喜愛感受不同酒造的釀造理念，不同米種與水組合成千千萬萬種風味，每個「杜氏」釀酒人想表現的不只有極致的風味，還有更多帶情感的畫面。東方文化比較喜歡用畫面去比喻風味感受，清酒在形容風味時的

感覺與茶類似，是讓我著迷的地方。

　　在清酒之外，每天必須喝的就是精品咖啡了。咖啡的運作模式幾乎與茶葉一模一樣，從產地種植、處理廠水洗或日曬、保存養豆、烘豆師烘焙、研磨器具，最後運用不同的水流沖出一杯咖啡，每個環節和茶葉同樣需要重視。咖啡的風味結構與茶相同，差別只在於一個是植物的種子、一個是葉子，分別是植物不同的部位，慢慢地，你會發現所有飲品風味的運作邏輯都是一樣的。

選一支葡萄酒，感受葡萄酒的風味，果漿、果皮、尾韻木桶香，跟茶一樣的風味表現。報名品酒課程，例如：入門推薦的WSET Lv1、Lv2 葡萄酒課程，可以一次接觸到不同產區、不同工藝的酒款，此外，SSI 日本清酒的唎酒師課程也很推薦。

‖ 屬於茶的 Tasting Note

要　怎麼把風味有系統地記錄下來呢？我們可以將茶湯口感風味結構數據化，並且試著做記錄看看。世界上許多飲品都有屬於自己的 Tasting Note，像是英國葡萄酒教育基金會 WSET、美國精品咖啡協會 SCAA，都會用不同方式將風味結構逐一記錄。除了記錄茶款的風味結構之外，若能得知沖泡的資訊跟萃取理念的話，更能幫助我們分析茶葉本質與萃取時的問題。填寫個人 Notes 時，請用輕鬆的方式記載即可，目的主要在於建立資料庫，至於杯測評鑑就交給專業的評茶師就好。

嘗試寫下風味結構

把風味感受的每個項目列出來，分數為五個 Level、十個等級，Tasting Notes 依照個人標準填寫，直覺式地寫出自己對風味的感受與喜好，依照自己對該項目的強弱給出分數。隨著喝茶的時間久了，會發現自己的喜好也會轉變，從喜愛香氣強度高的茶轉變成重視口感與層次，或者更愛追求香氣的極致表現，從每個時期填寫風味結構 Notes，可以看到自己成長的軌跡。

與讀者們分享我個人在評判各個風味結構的方式，除了乾淨度這個項目之外，其他項目並不是越高就越好，需要考量整體茶款的風土特色與工藝文化。

Tasting Note
memo

.... 茶款　　Date:　　/　　/

風味結構

10

0

香氣　甜度　風味　滋味　口感　尾韻　平衡　乾淨

整體表現

前段

中段

尾段

茶款資訊

產地　　　　　　　　　茶廠

產季年份　　　　　　　烘焙者

品種　　　　　　　　　製法

Notes 項目說明

香氣 Aroma：香氣的清亮程度

Lv1→平淡無味的香氣表現

Lv2→觀賞用的蘭花，平淡無太多突出的特色香氣

Lv3→新鮮玫瑰花，細細優雅的香氣

Lv4→類似玉蘭花的奔放豔麗香氣，但聞久了有些負擔

Lv5→類似梅花盛開輕柔悠長甜而不膩的香氣表現

甜度 Sweetness：甜度的高低

Lv1→水本身的甜

Lv2→清爽的甘蔗甜

Lv3→明亮柑橘類的甜感

Lv4→哈密瓜的甜膩感

Lv5→龍眼蜜的厚重甜感

風味 Flavor：風味層次的豐富度

Lv1→單單茶本身的味道

Lv2→清楚的感受兩種不同風味

Lv3→清楚的感受三種不同風味

Lv4→清楚的感受四種不同風味

Lv5→清楚的感受五種以上不同風味

滋味 Body：茶湯在口腔中的強度

Lv1→水本身的重量

Lv2→昆布湯頭的較輕盈茶感

Lv3→昆布湯頭中加入一些味噌，適中的茶感

Lv4→豚骨湯頭的濃郁，稍微重的茶感

Lv5→濃厚豚骨湯的飽滿濃郁，厚重的茶感

口感 Texture：茶湯的滑順度

Lv1→類似水本身的滑順，並無大太的起伏

Lv2→像是天然愛玉輕微的Ｑ彈感

Lv3→果凍般的立體感

Lv4→魚油般的涓稠感

Lv5→像是A5和牛的細緻油花且入口即化

尾韻 Aftertaste：茶湯入喉之後，殘留在口腔中的餘韻

Lv1→像是葡萄的果肉般輕盈單寧感

Lv2→像是柑橘類果肉內膜的輕微單寧感

Lv3→咀嚼葡萄皮的甘寧感

Lv4→類似咀嚼到葡萄籽或蘋果皮，稍微高的單寧感

Lv5→樹皮的纖維感，重度的單寧感受

整體平衡度 Balance：茶款平衡感越好、分數越高

平衡感這個項目在個人喜好上是主觀的，但在品評時必須評斷這個項目。
要表現出平衡的茶湯風味，必須掌握好每一個細節，非常考驗製茶者、泡茶者對茶的理解與經驗。

Lv1→極度不平衡，必須從最前端製茶者的理念開始著手改善

Lv2→不平衡，透過茶葉精製烘焙可獲得改善

Lv3→稍微不平衡，但可透過沖泡者的技術稍做彌補

Lv4→平衡感佳，前、中、後的表現平均，風味層次分明

Lv5→平衡感極佳，前、中、後的表現細緻，且風味層次轉化是順暢的

乾淨度 Clean Up：清澈透亮的茶湯表現，出現不屬於茶本身的味道就是雜味

Lv1→因為茶葉種植環境、施肥用藥不當產生的雜味，需從土壤、茶樹狀態才能獲得改善

Lv2→初步製茶與烘焙就產生的雜味，需從源頭製茶場才能改善

Lv3→保存不當產生的雜味，改善保存的條件就能改善，靠沖泡的技術也能稍微修飾的雜味

Lv4→沖泡過程中失誤而產生的雜味，只要調整沖泡就可以改善

Lv5→在種植、製作、保存、沖泡，每一個細節都有掌控好，沒有任何雜味

不同角色的 Notes 運用

當你熟悉並理解 Tasting Note 之後，就像學會了風味的語言，與茶之間的溝通變得順暢，也更容易看清楚茶本身想表達什麼，這些記錄下來的訊息通常與品味者、沖泡者、烘焙者產生關聯，這三者可能同時是自己，也可能是他人或喜歡茶的同好。

當你是品味者：可以利用 Notes 更瞭解自己的風味喜好，在挑選茶款時就不容易買錯。

當你是沖泡者：紀錄下每一款茶的風味結構，甚至紀錄每一泡的風味結構。練習沖泡時可以試著把某些條件固定下來，觀察茶湯的差異，進而讓沖泡技術更精進。

當你是烘焙者：紀錄不同焙火程度的風味結構，不同焙程、回潤時間、焦糖化程度、水分均勻度，紀錄風味結構，進而讓焙火工序更穩定。

茶款資訊：記載已知的茶款資訊

萃取資訊：

沖泡者與製茶者需記載完整的萃取資訊，才能對應該茶款的Tasting Note，每個萃取條件都會影響最終茶湯的風味表現，在 Chapter 3 會詳細介紹每個萃取條件對風味的影響。

水質→記載沖泡用水資訊，例如：鹼性離子水，軟水 TDS 20。
沖泡用水會直接對應到茶葉萃取率與風味結構，若能詳細記載水質 TDS 更好。

萃取次數→記載沖泡次數。例如：單次、多次、3次。
每一泡都有自己的風味特色，可依照萃取濃℃繪製萃取範圍圖。

器具→記載使用器具及容量。例如：蓋杯，120ml。
器具材質與容量影響水溫的降溫曲線，且不同材質也具有風味修飾的效果。

時間→記載浸泡時間。例如：單次 1st 5min；多次1st 60s，2nd 30s，3rd 70s。
浸泡時間直接影響茶湯濃度，依照茶葉不同外觀調整最適合的浸泡時間。

溫度→記載沖泡溫度。例如：單次 1st 95℃。多次1st 98℃，2nd 90℃，3rd 85℃。
溫度直接影響萃取率、香氣、口感表現，可依照實際風味表現繪製萃取範圍圖。

茶量→記載置入茶葉的重量。
置茶量對整體風味影響極大，茶湯濃度、風味結構都會隨著置茶量而變化。

萃取理念→記載萃取理念。例如：評鑑萃取、極限萃取、平衡風味萃取。
運用水流與注水力道變化出不同的萃取方式。

萃取範圍→熟悉茶湯風味後，可繪製萃取範圍，便可檢視萃取是否穩定。

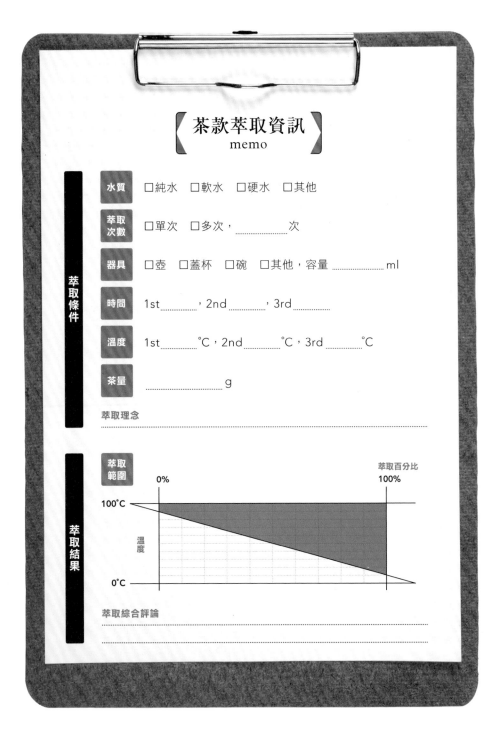

【 茶款萃取資訊 】
memo

萃取條件

水質 □純水　□軟水　□硬水　□其他

萃取次數 □單次　□多次，＿＿＿＿＿次

器具 □壺　□蓋杯　□碗　□其他，容量 ＿＿＿＿＿ml

時間 1st＿＿＿＿，2nd＿＿＿＿，3rd＿＿＿＿

溫度 1st＿＿＿＿℃，2nd＿＿＿＿℃，3rd＿＿＿＿℃

茶量 ＿＿＿＿＿＿g

萃取理念 ....

萃取結果

萃取範圍

萃取百分比
0%　　　　　　　　　　　　　　　　100%

100℃

溫度

0℃

萃取綜合評論 ....
....

Terroir & Processing

從品種、產季、產地
與製作探討茶風味

‖ 一杯茶湯怎麼來

我們對風味記憶的建立大概都了解了，接下來就是累積與練習。本章將介紹各個不同產區、產季、工藝特有的風味表現，會用Tasting Note來讓大家認識風味的差異，太複雜的化學式與歷史點到就好。內容以台灣茶為主，再加入一些世界知名茶款，讓大家認識更多不同的製茶工藝風味表現。風土條件與工藝文化造就了茶款的風味表現，這兩個重要的條件一定會圍繞在地方文化的根基上。

一杯極致風味的茶湯是由各種細節堆積而成且環環相扣，只要一個環節出錯就可能造成錯誤的風味。從不同產地的微型氣候、茶農施肥管理的方式、採摘長度與成熟度、製茶廠的初步製程、烘焙者的精製理念、包裝方式、運輸方式、保存條件、沖泡者的萃取理念、品飲者使用的器具，每個環節都會影響最終風味的呈現。

就如同一間星級餐廳的料理，必須從食材產地源頭開始，得先熟悉並且重視每個環節，到最終烹調、擺盤上桌，客人品嚐到料理的每個風味，都是在主廚的掌握中。接下來用簡單圖示介紹一杯茶湯，是如何從產地源頭經過層層關卡，才到我們手中的茶杯裡。

How "Tea" Works!

從產地到銷售的茶葉旅程

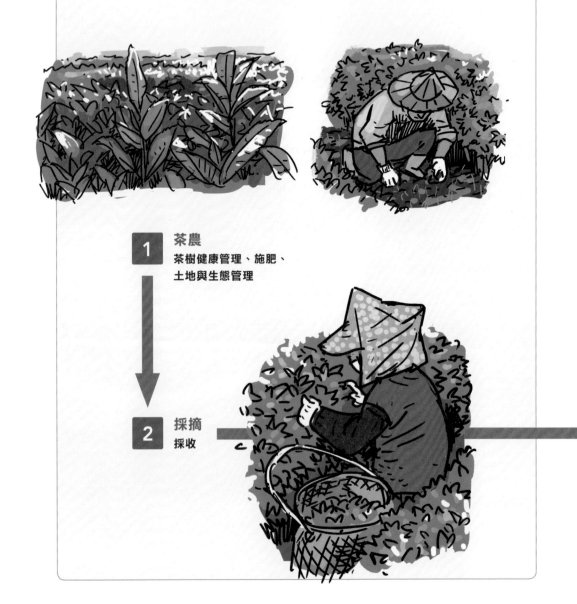

1 茶農
茶樹健康管理、施肥、
土地與生態管理

2 採摘
採收

3 初步製作
這裡以製作烏龍茶為代表

1 曬菁（日光萎凋）
2 靜置（室內萎凋）
3 炒茶（殺菁）
4 包布揉捻
5 乾燥

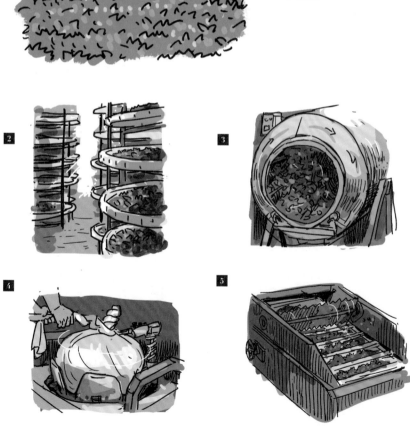

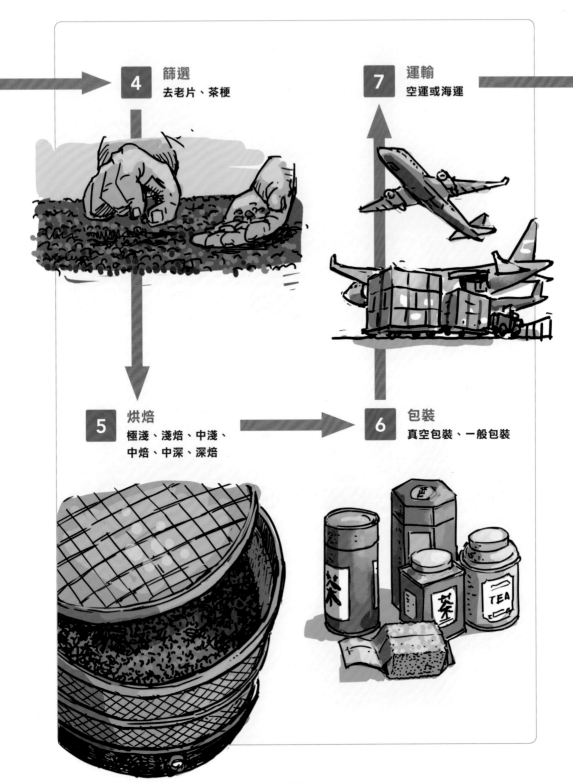

4 篩選
去老片、茶梗

5 烘焙
極淺、淺焙、中淺、
中焙、中深、深焙

6 包裝
真空包裝、一般包裝

7 運輸
空運或海運

8 保存
需新鮮喝或需熟成

9 萃取
泡茶者萃取

10 喝
品飲感受

‖ 透過「茶標」了解茶

喝 茶之前，先幫大家釐清對茶葉相關名詞的迷思。其實不只是茶葉，很多食品都有一樣的問題，因為標示資訊不透明，太多錯誤且不對稱的資訊造成大家消費時難以辨認，商品資訊公開透明是一個品牌對自己產品負責的態度。不同的產地、品種、製法都各有風味特色，若有清楚標示，更能讓消費者選擇自己喜愛的風味。

一般完整的茶葉標示
【產季】+【產地】+【品種】+【製法】
舉例： 2018＋台灣南投縣＋青心烏龍＋烏龍茶

更詳細的茶葉標示
【詳細的產季資訊】+【詳細的產地資訊】+【品種與種植方式】+ 【初製與精製資訊】+【製作者】
舉例： 2018春茶＋南投縣信義鄉玉山＋有機青心烏龍＋輕發酵烏龍 淺焙火＋品牌與製作者資訊

像是我們在品飲葡萄酒、清酒、精品咖啡時，常常能看到外包裝上有清楚的標示，例如：

■葡萄酒的標示方式
年份、莊園、產地、葡萄品種、法定生產等級

■清酒的標示方式
年份、酒造、產地、酒米品種、水源、精米步合、釀造方式

■精品咖啡的標示方式
年份、莊園（處理廠）、產地、處理方式、產地海拔、烘焙方式、風味表現

讀懂影響風味的標示

產地資訊——產地影響風味的因素包含：海拔、日照、降雨量、風向、濕度、地質，茶樹會適應每一個地區的微型氣候生長，而造就不同特色的風味表現。不同產地的茶園管理成本亦不同，必然會反應在售價上。例如：南投縣魚池鄉海拔800公尺，大多爲台地地形，而仁愛鄉翠峰茶區海拔1600-2200公尺是陡峭的山坡，除了風味截然不同，在管理成本上也有差異。

產季資訊——不同年份與不同季節的氣候條件不同，加上每年春夏秋冬的日照、溫度、降雨量、濕度皆有變化，茶款風味就會有差異。有些年份的氣候適合茶葉生長，茶款的品質就會因應氣候而變好，所以該年份的茶葉價格會較高。相對的，若剛好這個年份乾旱雨水少，茶葉生長狀況不好，風味表現較差，當然價格也不好。茶葉與酒一樣，種植與製作有達到某些條件，只要存放得宜，有年份的茶款就有它的價值。

品種與耕作方式——茶樹品種百百種，而種植品種會直接影響種植方式，有些品種生命力旺盛、不太需要照顧，有些則需要細心呵護。例如「四季春」品種生命力如其名，一年四季都如春天般的生長，本身農藝特性就是早生種，且抗病蟲害能力很好，是較容易做成有機農法的品種。相對於「青心烏龍」就是需要細心呵護的品種，屬於晚生種，抗病蟲害能力較弱，簡單來說，就是它細皮嫩肉、蟲很愛吃，選擇從事有機農法時就需要非常高的管理成本。

製作工序——紅茶、綠茶、烏龍茶、白茶、黑茶、黃茶都是製作工序的名字，例如咖啡的水洗、日曬、蜜處理，就是不同工序的名字。製作工序一定會與當地的文化背景息息相關，正所謂「一方水養一方人」，製茶的工序會造就完全不同個性的風味表現。

有些製作工序複雜繁瑣，有些簡單快速，最重要是要適性而做，如果問老師傅做什麼茶最好，一定會回答說：「看天做茶，看茶做茶，看茶焙茶」，看似沒有正面回答問題，事實上卻是最真實的回答。製作工序會對應適合的採摘時間，春茶做綠茶重視鮮爽度，夏茶做紅茶講究飽滿度，冬茶做烏龍茶則得細緻平衡。製作工序會對應適合的品種，喬木型大葉種適合做紅茶、白茶、黑茶，灌木型的小葉種適合做綠茶及烏龍茶。但是採摘時間與品種的適作性並無絕對，還是得看茶葉生長狀況而定。

精製——「初製加精製」才是完整製茶工藝的名稱。精品咖啡會清楚標示出烘焙程度，例如：淺焙、中焙、重焙，而葡萄酒會標示入桶時間與木桶種類，這些都是精製的工序。但在茶葉標示上比較少看見精製名稱，因為地方特色茶款的名稱通常都包含了精製工序在內，例如：凍頂烏龍就是用中度發酵的球型烏龍茶來做中度焙火，鐵觀音就是用重度發酵的球型烏龍茶來做重度焙火。

下次購買茶葉時，要完整說出購買的需求，這樣就能輕鬆選擇到自己喜愛的風味，例如：我喜歡玉山的，有機青心烏龍、冬茶、二分火，或是鹿谷鄉、紅水烏龍、春茶、傳統凍頂火，咖啡的話喜歡巴拿馬、提皮卡、水洗、中淺焙，講得越清楚越好。每個產地與品種都有自己的獨特風味，再加上不同的工藝組合，就能產生出千千萬萬種不同的風味變化！

▍茶葉的風味結構來源

茶 葉是以葉子為主的農作物，而葉子本身也是茶樹行光合作用的重要部位，並不會像種子本身就會累積養分，必須讓新芽從修枝後的地方生長出來，然後採摘新長出來的部分製成茶葉。

你可以想像成如果手被刀子割傷了，身體會集中養分到傷口，讓傷口儘早癒合。茶葉生長天數大約是20-60天，會依照當地氣溫氣候、茶樹品種、製茶工藝來決定採摘時間與採摘級別。

從品種、產季、產地與製作探討茶風味

茶葉各部位的風味成因

芯芽——成長中的嫩芽是茶樹養分集中的地方，有豐富的氨基酸，像是10歲以前的孩子，父母會供應養分讓孩子長大。風味感受有嫩芽粉甜香 、輕盈甜感、豐富氨基酸形成細緻膠稠的口感，一點點的滋味感受，單寧感是輕微薄弱的。

　　大部分茶樹品種的芯芽都會有細毛，是爲了讓露水附著在新芽外側，保護芯芽不被曬傷與乾枯。芯芽在製作乾燥茶葉完成後，色澤變白，所以稱爲「白毫」，當時中國茶葉在福建地區外銷時會以閩南話說白毫（台語），從此就有了「Pekoe」這個單字。

芯芽上的細細白毛。

嫩葉（第一葉）──嫩芽長大成了嫩葉，開始進行了光合作用。嫩葉有著飽滿的養分，兒茶素含量高，軟纖維的多酚類高，醣類與氨基酸含量少。像是10到20歲的孩子，精力充沛活力旺盛，還沒有顯著的個性，正努力著適應大環境。營養價值高又嫩，茶感滋味厚重，微微的苦甘，茶樹香氣與果膠質較少，是害蟲的最愛。

成熟葉（第二、三葉）──葉子成熟了，適應了生長環境並長大，變得有自己的個性，有均衡的醣類與茶多酚。像是25-40歲青壯年，被社會歷練了一陣子，個性與待人處事都趨於平穩，但又有帶有自己的想法。成熟葉是茶樹品種香氣的來源，滋味的厚度較弱，果膠質滑順與單寧感適中。

老葉(第四、五葉)——葉子開始過熟了，有些纖維化，讓茶樹生長環境帶來的風味個性更加明顯，纖維感的多酚類含量高。像是50歲以上的老人，個性上沒有太多稜角，圓融與世無爭。茶樹品種與植物纖維化的香氣明顯，滋味與果膠質薄弱，單寧感偏高，較不適合製作成精品茶。

此圖為黃片茶，過度纖維化的葉子乾燥後會呈現黃色的，所以稱為「黃片」。

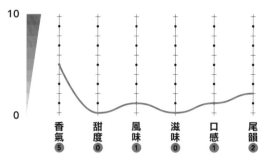

10

0

香氣	甜度	風味	滋味	口感	尾韻
⑤	⓪	①	⓪	①	②

葉梗與葉脈——茶梗與葉脈有一定含量的茶單寧與醣類，就是骨架是必須存在的。有了它們，才有足夠的單寧來支撐茶湯在口腔中的立體感，若沒有足夠的茶單寧，會感覺茶湯口中太輕柔，像是在口腔中借過一下，茶湯就入喉下肚了，尾韻變得很薄弱。但葉梗與葉脈含有非常高的水分與茶鹼，在製作過程中若沒有確實做好完整的工序，會使茶鹼殘留並造成刺激性。通常在做後精製挑選瑕疵時會將茶梗挑掉，茶梗也稱為茶枝。

茶枝茶。

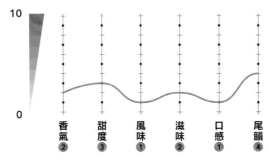

| 10 | 香氣 ② | 甜度 ③ | 風味 ① | 滋味 ② | 口感 ① | 尾韻 ④ |

在日本，同樣會將黃片與茶枝蒐集起來，用鑄鐵鍋或沙子進行高溫烘焙做成ほうじ茶（焙茶）。請見222頁的Tasting Note。

「採嫩」與「嫩採」的不同

採嫩

待茶葉長大成熟後,採摘所需要的部位,表現品種特色與微型氣候的風味。例如:採摘一芯三葉製成的凍頂烏龍茶,就是必須使用足夠比例的嫩葉加上成熟葉,才能做到中度烘焙的特殊製法風味。

嫩採

將尚未熟成的嫩葉採摘下來,甚至是萌芽期的嫩芽,這樣氨基酸、茶多酚比重高,表現輕盈細緻的風味。這樣的採摘方式需細心細工的製作,而且嫩芽嫩葉的纖維都還尚未成熟,非常嬌貴。

採嫩

嫩採

除了採摘等級與採摘成熟度能改變茶湯的整體風味結構之外,還可以透過修剪的時間來決定茶葉的採收時間,控制想要的採收狀態。只要預先設定好茶菁條件,例如:成熟葉比重高、50天的熟度、生長過程日夜溫差大,在10月1號修剪茶樹,就可以在11月20號採收,這樣茶樹生長的過程就比一般冬茶更長,果膠質更厚肥,醣類含量也高。

了解每個部位的風味結構之後，便可以想像應該怎麼將這些部位組合成一個完整的茶湯。舉幾個組合例子，來看看「嫩芽」：「嫩葉」：「成熟葉」的組合比例，會有什麼樣的風味特色。

1 嫩芽多

■ **採摘比例**：嫩芽 9：嫩葉 1：成熟葉 0

■ **採摘理念**：使用大量的嫩芽做出極致粉甜的風味

■ **成長天數**：約 20 天

──────────

■ **對應茶款**：

2017 圖爾波莊園・月光春摘
Thurbo, Moonlight FTGFOP1, 1st Flush

■ **特色**：手工完整嫩採，粉粉甜甜輕柔細緻的風味，就像月光晶瑩地灑在茶樹上。使用年輕樹齡的 AV2 樹種，展現莊園頂級特色。質感細緻，有著青森蘋果的粉甜轉變成清爽白桃的香蜜甜感，中段口感像愛玉般輕盈飽滿的膠稠，有如萊姆甜的花粉香，後段像咬開白葡萄，果肉的酸甜感與果皮的香氣（請見 Chapter4 風味結構）。

2 均勻的採摘

■**採摘比例：**嫩芽3：嫩葉3：成熟葉4

■**採摘理念：**用均勻的採摘來做出平衡的
風味

■**成長天數：**約35天

■**對應茶款：**新竹峨眉東方美人

■**特色：**一位年過80的老師傅，堅持用
傳統的工序來製茶，產量有限，每年的
風味都讓我們感動，與現代的東方美人
重視的香氣不大一樣，老師傅的茶重視
平衡感，也是我喜愛的。茶款風味前段
野花蜜甜帶花粉香，中段果酸輕盈滋味
飽滿，尾韻熟成瓜香與玫瑰花纖維感，
整體風味結構的平衡感極佳。

3 成熟葉多

■**採摘比例**：嫩芽0：嫩葉3：成熟葉7
■**採摘理念**：較成熟的採摘成就厚實的
　　　　　　　風味
■**成長天數**：約 55 天

■**對應茶款**：凍頂烏龍茶

■**特色**：台灣製作烏龍茶會等嫩芽長大
開片成熟了才會採收，會稱為「魚尾
芽」（像是魚的尾巴）或對口芽，採摘等
級為一芯二葉至三葉。使用滋味飽滿的
春茶，並遵循傳統製茶工藝將青心烏龍
製成發酵足夠的烏龍茶款，口感乾淨清
爽、香味層次感豐富，前段入口焦糖甜
帶楓糖香，中段蜂蜜香甜滋味飽滿，後
段熟成葡萄甜韻持久。

‖ 風土與種植如何影響茶風味

人類會順應著居住地的氣候而生活，氣候寒冷的地區需要多穿衣服保暖，陽光充足的地區則穿得清爽，各地區的微型氣候會發展出不同特有的飲食文化。茶樹也是，會順應每個地區的微型氣候與土地而生長，造就不同的風味表現，也就是長輩們在講的「山頭氣」。而講到風土，就一定與地方耕作的方式息息相關，每個地區適合種植的品種與耕作方式一定也不同。

千萬不要陷入知名產地的迷思，多認識不同產地與品種的表現，在品味拓展上才可以更多元。陽光、空氣、水是植物生長所需的必要條件，缺一不可，就直接以這三個條件來探討各種風土條件對風味的影響。茶樹的生長與氣溫日照成正比，在赤道附近的茶區，日照強烈、氣溫高、因此茶樹生長迅速，日照形成的茶單寧高，口感較為粗厚飽滿。相對的，日照柔和、氣溫較低的茶區，位於北迴歸線以北，茶葉生長緩慢，口感輕盈細緻，滋味相對淡薄。以下就**地形氣候、海拔高度、品種、土地與茶園管理**這四個方向來探討看看。

A　地形氣候的影響

1　高緯度茶區

■風味呈現

個性輕柔優雅，茶湯香氣細緻，口感果膠質圓潤，多帶柑橘類皮脂風味，茶單寧柔和，尾韻感受較淡薄。

■地形特色

日本是典型的高緯度茶區，因為緯度高，所以氣候較為寒冷乾燥，日照柔和，日夜溫差大，產季集中，所有頂級茶款都會選擇使用初摘來製作。立春過後的八十八夜，也就是清明後穀雨前這段時間，是非常適合茶樹生長的春天。「二摘茶」則落在6月左右，多半會製作成較次級或是商用茶款。

■對應茶款

【宇治田原の里・煎茶】

鮮爽細緻的頂級煎茶，京都宇治最早的茶產地在宇治田原町，能冠上這個產地名稱的煎茶是最頂級的茶款。三年前剛好有機會拜訪宇治矢野園，並且品嚐這款頂級煎茶，打破了我對日本茶的印象，茶湯風味層次多，前段甘蔗清甜與白花香氣交錯，中段像是愛玉般Q彈飽滿，尾段有新鮮青梅的甜順與青梅皮的毛絨感，入口即化的果膠質像頂級和牛的油花，尾韻像是青檸檬皮的柑橘皮脂香氣。

★**註：**請見220頁 Tasting Note

2 海島型氣候

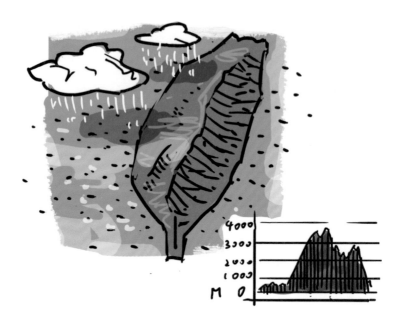

■風味呈現

個性平穩，香氣、滋味、尾韻都不會
太過突出，口感表現圓潤滑順，尾韻
平均落在口腔與喉頭。

■地形特色

台灣是典型的海島型氣候，位於北迴歸
線上，是世界上獨特的地形。海洋到高
山的距離非常短，海拔0公尺至3000公
尺，在50公里內完成，加上東邊太平洋
黑潮帶來的溫熱海水，使氣候溫暖潮濕
且雨水充沛，氣溫大約落在16-32℃。

春季雨水充足、夏季炎熱、冬季日夜溫
差大，茶樹品種多元，產地春、夏、
秋、冬都有。

台灣與大陸沿海一帶會將茶葉揉捻成
球型，台灣屬於較潮濕的海島型氣
候，濕度平均在60%左右，吹南風
時，濕度常常會超過80%，連地板與
牆壁都會反潮，因為氣候潮濕，茶葉
容易變質，進而發展出球型的揉捻方
式，並且將氧化（發酵）與烘焙做到
足夠的茶款。

★註：請見214頁 Tasting Note

台灣普遍的烏龍茶，會將茶葉揉捻成球狀，主要是為了降低茶葉與空氣接觸的面積，降低受潮的機會，與方便運送。

■對應茶款

【2008 紅水烏龍】

由傳統凍頂陳老師傅以龍眼炭焙製的紅水烏龍，茶乾顏色均勻緊結、橙褐色，風味表現極度乾淨，前段龍眼木香中帶有輕盈的焦糖甜感，中段檀木香轉紅棗，尾韻沁涼甘草，茶湯口感涓綢立體，滋味厚實飽滿，尾韻水沉與檀香在口中繚繞。在創業初期喝到這款茶時，完全顛覆我對茶葉烘焙的想像，茶湯入口後，腦海中的畫面像是溫暖的陽光灑在木頭上，充滿溫暖舒服的感受。

3 大陸型氣候

■風味呈現

個性直接豐富，香氣表現突出，口感俐落飽滿，因為氣候乾燥，尾韻大多集中在口腔前段，較難到達喉頭。

■地形特色

印度大吉嶺是典型的大陸型氣候，位於世界最高峰喜馬拉雅山的山腰，夾在不丹與尼泊爾中間，溫熱的海洋季風經過500公里印度平原，碰到喜馬拉雅山南下的冷空氣，在大吉嶺形成劇烈的天氣變化。大吉嶺（Darjeeling）在印度原文裡，指的是雷電交夾之地，春季氣候寒冷、夏季氣候溫熱，日夜溫差極大，降雨量較少。主要產季是春摘與夏摘，入秋過後天氣寒冷，茶樹會進入休眠期。

★註：請見 225 頁 Tasting Note

■對應茶款

【塔桑莊園‧喜瑪拉雅謎境－夏摘茶】
Turzum, Himalayan Enigma,
SFTGFOP1, 2nd Flush 2016

冷冽清揚的麝香葡萄風味，是我覺得
最能代表大吉嶺的茶款。優質的茶園
管理與專業細緻的製茶工藝成就單一
樹種極致純淨的風味。莊園主人使用

海拔 2400 公尺向北山面的 P312 樹
種，做出有如在迷霧中看見喜馬拉雅
山壯麗的美景。嫩採 P312 樹種芯芽，
整體香氣明亮，成熟麝香葡萄酸甜並
帶著細緻花粉甜感，中段口感像是熟
麝香葡萄果肉的綿密感轉成荔枝果肉
香氣，口感像極了清爽的藍莓果醬，
尾韻葡萄皮帶含笑花香，是非常經典
的茶款。

大範圍的地形氣候介紹完了，接下來是細部的地形氣候。我們把一座山粗略分成四個部分，看看東西南北會有什麼樣不同的微型氣候，又會造就什麼樣的風味表現，也讓大家能初步認識陽光、溫濕度對風味的影響。

 微型氣候──向東面

■地形特色
坐西朝東，面向東邊的山面；日照時間最長，陽光直射、氣溫相對高，茶樹成長快速；葉形窄小，茶單寧高，茶感滋味厚重。

■風味特色
風味厚重，茶感飽滿，茶單寧感高，尾韻表現強。

 風味曲線

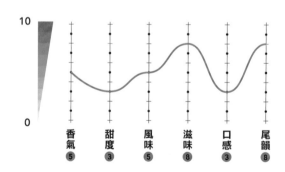

實際產地的狀況會有更多細微的因素，例如河邊、種植方向、山勢方向、山谷也都有關係。

微型氣候——向西面

■地形特色
坐東朝西，面向西邊的山面；日照時間短，日照也相對柔和，茶樹生長慢；葉形較為寬大，膠質與氨基酸高，茶單寧相對低，滋味表現輕柔，口感甜水滑順。

■風味特色
風味輕柔，茶感輕盈，果膠質圓潤，尾韻表現弱。

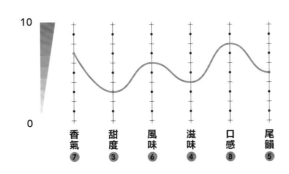

	10						
	0						
		香氣 ⑦	甜度 ③	風味 ⑥	滋味 ④	口感 ⑧	尾韻 ⑤

6 微型氣候──向北面

■地形特色

坐南朝北，面向北邊的山面；日照平均，北風寒冷乾燥，日夜溫差變得極大；茶樹會為了抗寒又抗乾燥，而提高葉子的果膠質與油脂，因此葉片會變得肥厚。

■風味特色

風味冷冽，層次俐落分明，帶粉甜感，精油與柑橘類油脂感明顯。

 風味曲線

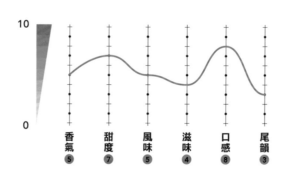

香氣	甜度	風味	滋味	口感	尾韻
5	7	5	4	8	3

7 微型氣候——向南面

■地形特色

坐北朝南，面向南邊的山面，直接日照時間短；因南風溫熱潮濕，使得向南的山面雲霧多，太陽透過雲霧才照到茶園，漫射時間長，因此醣類含量高，風味自然表現沉穩。長年雲霧繚繞，是適合茶葉生長的環境，整體茶園環境較潮濕，葉子較薄。

■風味特色

風味沉穩，滋味扎實。

 風味曲線

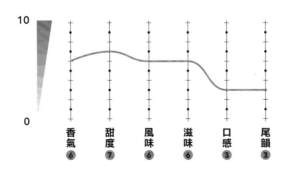

香氣	甜度	風味	滋味	口感	尾韻
⑥	⑦	⑥	⑥	③	③

中低海拔

■地形特色

日照時間長，雲霧較少且陽光直射，氣溫較高，茶樹生長快速，產量較高。香氣強烈，滋味扎實，尾韻飽滿，適合做飽滿有個性的茶款，以及有機的栽培管理方式。像是法國隆河南岸的葡萄酒莊，充足的日照，造就了飽滿適合存放的酒款。

風味曲線

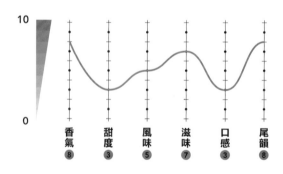

香氣	甜度	風味	滋味	口感	尾韻
⑧	③	⑤	⑦	③	⑧

在所有種植條件都固定的狀態下，單單看海拔對茶樹生長的影響，就是溫度與日照了。不是海拔高就是好的，也不是海拔低就不好，必須考量到各種氣候的因素，並給予最適當的種植方式才是對的。

2 高海拔

■地形特色

日照時間少、陽光慢射，早晨與午後雲霧多，濕度較高，氣溫寒冷日夜溫差大，茶樹生長緩慢，在一般栽種管理方式下，其產量較少。香氣輕柔，滋味滑順，尾韻表現較短，適合製作細緻鮮爽型的茶款。

 風味曲線

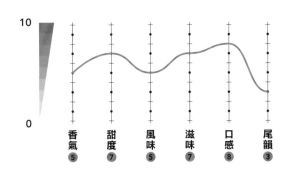

香氣	甜度	風味	滋味	口感	尾韻
⑤	⑦	⑤	⑦	⑧	③

坐向與海拔的風味表現都清楚了，我們把這些風味組合起來看看。

1　海拔1600公尺／西北向的信義鄉草坪頭茶區

■風味特色：

有向西的軟水甜與北向的俐落風味，綜合起來是輕柔俐落的風味表現。

前段香氣是青澀水果甜帶柑橘類皮脂香氣，飽滿滑順的口感中帶輕盈花香，尾段萊姆香氣轉蜜蘋果皮香。口感部分果膠質滑順飽滿，水軟細緻，入口即化，在兩頰齒縫都會生津。

2　海拔1300公尺／東南向的仁愛鄉紅香茶區

■**風味特色：**

南風帶來的充足水氣，向東的日照充足，使紅香地區雲霧多，有扎實的單寧感與沉穩的香氣表現。

前段香氣沈穩桂花香甜感，中段熟香瓜果肉甜感轉熟成芭樂果肉，後段芭樂皮纖維感強烈。口感部果膠質膠稠，立體渾厚，尾韻持久。

3 山坳

■**地形特色**

山坳(或稱山凹)是比較特殊的案例,位於山谷中的茶區,兩側被山脈包圍,直接日照時間少,長年雲霧繚繞。潮濕的空氣使香氣發展沉穩,陽光慢射且時間長。

■**風味特色**

葉子的醣類較高,讓甜度增加,整體風味結構飽滿沉穩。

■**對應茶款**

【2017 爾利亞 鑽石 春摘
Arya, Diamond SFTGFOP1, 1st Flush】

★**註：**請見226頁 Tasting Note

頂級茶款都以寶石命名的爾利亞莊園，最頂級茶款為「紅寶石」，再由紅寶石中精選純淨細緻的極致茶款為「鑽石」，年產量稀少珍貴，只有10公斤。特選向南面海拔1600公尺山坳的茶區，成就獨特的核桃果韻味。

前段成穩熟成葡萄甜香感帶花粉甜蜜香氣，中段李子果肉甜酸感綿長帶出

花蜜膠稠感落在口腔，茶感厚重，尾韻清楚的核桃果韻味，以及輕盈堅果皮的單寧感受堆疊。整體風味結構的香氣滋味表現渾厚，尾韻複雜、耐人尋味的茶款。

北邊有湖或河流

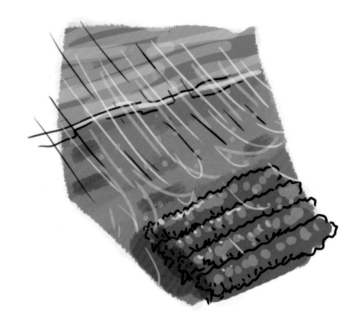

■地形特色

原本乾冷的北風,吹過河流或湖泊,
增加了空氣中濕度,讓冷冽的北風變
得溫和,也增加雲霧覆蓋的時間。

■風味特色

空氣變得溼冷,脂感與果膠質的特色
一樣存在,反而俐落的香氣結構倒變
得較為溫和。雲霧遮蓋了一些直射的
陽光,使茶單寧也降低了,整體風味
變得較平衡細緻。日本京都宇治的田
原町就是最好的例子。

★註：請見221頁 Tasting Note

■對應茶款

【2016 春 田原町‧玉露】

同樣是宇治矢野園的茶款，是煎茶「田原の里」的強化版。玉露在採摘前30天會覆網，為了降低直接日照，使茶單寧降低，增加茶葉的果膠質，在以輕柔的製茶工藝將玉露綿密膠稠的風味表現到最好。前段香氣小白花粉甜與青芭樂香甜立體交錯，中段濃郁的甘蔗甜感轉成清爽白花香氣，尾韻輕微甘蔗與花瓣纖維感，口感立體飽滿，像是魚油般的立體膠稠。因為覆網而日照減少，單寧感極弱，尾韻感受也較短。

茶樹品種的影響

　　茶樹可以分兩大種類，灌木型（小葉種）、喬木型（大葉種），每種類型的品種繁多。茶樹品種的農藝特性皆不同，有些抗寒、有些耐旱、有些抗病蟲害較弱、有些環境適應性好，可以想像成在養育小孩，每個孩子的特質都不一樣，有些愛唸書、有些愛運動、有些抵抗力較差容易生病、有的適應性高，到了陌生環境一下子就能融入。

　　因應不同茶樹品種的農藝特性，來選擇最適合它的管理種植方式，與照顧孩子一樣，要因材施教，才能讓茶樹健康地長大。

　　不同茶樹品種葉子的外觀都不大一樣，可以從葉子的外觀形狀大略判斷它的風味特色，大致概念與微型氣候的影響類似。不同品種特性有適合的製作工序，製茶師傅需認識品種的特性，進而強化或修飾品種特色。

從葉形胖瘦看⋯
- 細長形的葉子香氣密集口感集中
- 寬胖形的香氣層次較廣口感滑順

從葉形大小看…

■大葉型的風味層次多，纖維質高且
相對粗糙

■小葉型風味層次較少，纖維軟嫩風
味細緻

從葉子厚薄看…

■厚葉果膠質多、口感Ｑ彈滑順、香氣沉穩

■薄葉果膠質少、口感平順、香氣輕盈上揚

1　灌木型茶樹

　　最高可生長到3公尺高，土地管理得宜的話，主根可深達5公尺，側根細小分佈在土壤表層；成熟葉最大約10公分，屬於小葉種的樹種，耐寒性佳，是台灣常見的茶樹品種。

★**註：**請見209頁 Tasting Note

■**風味結構**

滋味輕柔，可塑性大，製作成各類茶款皆宜。

■**品種**

武夷、青心大冇、青心烏龍、四季春、金萱、翠玉、鐵觀音…等都是常見的小葉種。

■**代表茶款**

「青心烏龍」的葉形細長，質地細緻風味集中。需要細心呵護的茶樹品種，在台灣高山茶區種植面積大，抗病蟲害能力較弱、抗寒佳。以青心烏龍製成的烏龍茶，香氣細緻優雅，滋味口感圓潤滑順。

2 喬木型茶樹

　　最高可生長至四、五層樓高，根部的深度與地上高度同樣，能吸收的養分更多，包含了土地深層的礦物質與微量元素。成熟葉最大約25公分，是大葉種的樹種，抗旱性佳、喜歡溫熱的氣候，台灣中南部較容易見。

　　雲南普洱地區，與台灣高雄六龜、南投眉原山、都有這樣的原生喬木型的茶樹。而經濟種植的喬木型樹種，為了方便採收，大多會修剪成至兩三公尺高，會稱為小喬木，適合製作成風味醇厚的紅茶。

★註：請見219頁 Tasting Note

★註：請見217頁 Tasting Note

■風味結構

滋味厚重，兒茶素與茶單寧都極高，需要經驗豐富的製茶者，才能將山茶極寒的刺激性去除，並呈現山茶好的風味。

■品種

紅玉、紅韻、阿薩姆、山茶都是台灣較常見到的大葉種。

■代表茶款

「紅玉」產於南投縣魚池鄉的純淨茶園，大葉種的台茶18號「紅玉」本身品種風味厚實、個性鮮明。選擇用輕柔的方式來製作，想表現平衡又細緻的風味。前段花蜜香中帶著玫瑰花瓣的細緻酸甜感，中段肉桂的特色表現得輕盈，帶出尾段薄荷葉的涼感，整體風味清爽順口。

土地與茶園管理的影響

　　原生山茶是在台灣深山原始林發現的
茶樹科樹群，不同區域從百年到千年都
有，山茶性極寒，非常難駕馭。之前有幸
遇到一位把家當全壓在山茶的長輩，能把
山茶做到溫和，且風味完整，進一步認識
到自然生態對風味的影響。

　　原生種的茶樹習慣了當地的環境、蟲
害、生態，發展出獨樹一格的生態滋味，
每個區域都有自己獨特的風味表現。好的
原生山茶整體採摘與製作都需要花極高的
成本，產量又非常稀少，幾乎很難在市面
上流通。

茶樹由根部吸收土地裡的養分，根部的長得越深，吸收到的養分就越廣，也因此土地的狀態會直接反映在茶湯風味中。有機質含量高的土地養分充足，種植出來的茶款滋味就飽滿，而礦物質越高的土地，在舌面上尾韻的感受會越高。茶樹根部主要分成主根與側根：

主根——往下扎根，主要負責吸收土地深層的水分、礦物質與微量元素。土地深層的「磷」是植物根莖成長需要的養分，植物的花與種籽則需要「鉀」。

側根——在地表與益菌一起工作，負責吸收茶樹生長的基本養分。下雨時，將大氣中的氮帶入土壤中，氮是茶樹長「葉子」的主要養分。

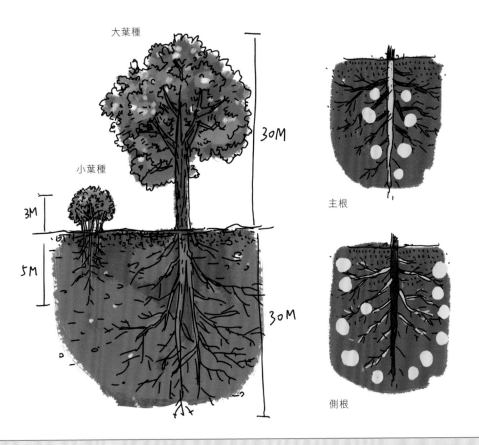

大葉種

小葉種

3M

5M

30M

30M

主根

側根

土質與風味

■紅土──礦物質與有機質含量適中,風味表現平衡。

■黑土──礦物質適中有機質高,風味表現滋味飽滿。

■泥土──礦物質顆粒細小,有機質適中,風味表現細緻且綿密黏稠。

■岩石──礦物質含量極高,有機質極少,風味表現強烈舌面尾韻厚重。

　　風味特色與土地個性幾乎是對應的。

　　土地先天就有許多養分,在大自然的生態循環當中,雨水、落葉、動物的堆肥、昆蟲屍體、微生物,這些都是最天然的肥料,若人們不斷採收又不停地耕作,甚至使用化學肥料,土地的養分會有耗盡貧瘠的一天,所以後天的茶園土地管理是非常重要的。

2 茶園管理與風味

茶葉品質好，茶湯風味就好，首要就是茶園土地管理，是最基本也是最重要的一環。用純淨的方式把土地照顧好，讓茶樹的根部扎穩扎深，當土地與根部健康，茶樹就會健康，抗病蟲害的能力自然就提高，茶葉品質相對好。就像我們人一樣，住在舒服的環境裡、吃好的食物，身體自然就健康，抵抗力好，比較不會生病。

相對的，居住在髒亂的環境，又吃得不好，身體自然不好。茶園管理方式與種植茶樹品種是需要互相呼應的，熟悉茶樹品種的特性並予以最適合生長的方式管理，種植環境適性好的品種可以把管理重心放在土地與生態上，讓茶樹與土地永續發展。

土地健康的茶樹吸收天然的養分，風味表現自然立體有層次；但如果土地本身養分已貧瘠，茶樹只能吸收到人們後天施作的養分，風味表現單調平扁無層次。

茶園管理方式大概區分幾種：

■野放——顧名思義，放任茶樹生長，讓茶園與周邊生態達到平衡，產量極少。

■永續農法——接近自然的方式管理，以雨水、落葉、有機質做肥料，種植香草驅蟲，人工除草，重視茶園週邊與土地生態，並定期休耕。產量較少，但可永續經營。

■**有機農法**──不用化學藥劑的管理方式，在日本（JAS）、美國（USDA）、歐盟（IMO）有明確的規範種植方式。台灣有許多法人單位也在推動，慈心、美育，規範都有少許不同。

■**經濟慣行農法**──指的是一般的種植管理、習慣性的栽種方式，定期使用藥物與肥料。能提供品質穩定且產量較多。

　　想像一下茶園土地就像是我們的腸胃，在腸胃都健康的情況，吃下食物，腸胃消化完轉成身體的能量。優質的茶園管理會讓土地的益菌與有機質在一定程度以上，並定量的施肥，讓土地中的昆蟲與微生物把這些肥料轉化更小的分子，好讓茶樹根部吸收。當腸胃不適時，不太能吃食物，因為無法消化，容易對身體造成負擔。同理，當茶園土地已經不健康了，就不應該繼續施肥，這樣只會增加土地酸化的程度，讓土地的情況變得更糟，回到最根本問題，就是將土地照顧好，讓茶樹休息。土地無法消化的肥料最終都會呈現在茶湯風味裡，除了有奇怪的雜味，這樣的茶款對身體會造成負擔。

土地健康側根發育健全。

南投信義鄉的有機金萱茶園。

　　有機茶就不好喝嗎？並不是什麼樣的茶園都適合做有機管理，先回到做有機的初衷，是爲了土地的永續發展？還是爲了商業利益？這點是我們必須好好審視的。要做有機茶園，先不管臨田汙染，首要的是茶園土地的狀態是否有足夠的有機質與微生物，若土地的條件還不到，強行做有機只會讓茶樹的健康狀態更糟糕，反而本末倒置。像是養育孩子一樣，孩子本身免疫系統都還不健全時，很難適應陌生的環境，反而更容易生病，因此得要先有健康的身體與正確的觀念才行。有機管理者需對土地狀態、茶樹品種特性、製茶技術、風味品評都熟悉，這樣製作出來的茶款風味是不輸給慣行農法的。

‖ 看茶做茶！茶葉初製與精製

製 茶者將新鮮的茶葉製作成可以沖泡的茶乾，以降低茶葉中的刺激性，發揮出茶葉原本的風味特色。可以把製茶者想像成茶的廚師，任務是把食材處理好，詮釋食材的特色。好的廚師需要對食材有一定程度的認識，視食材的情況並予以最適合的處理。

第一階段：影響湯色茶香的初製

茶葉本身的酵素促使兒茶素氧化，依據兒茶素氧化程度的不同，會產生香氣的轉化。氧化作用讓兒茶素與茶葉本身的脂肪結合，轉化成茶黃質，氧化程度越高，就會變成茶紅質。就與水果熟成類似，甜度會越來越集中，顏色也會越來越深。在不同茶樹品種組合到不同風土條件，再到製茶工藝，茶的風味組合是千變萬化的。

從全世界來看製茶方式，依照工序可分成三大項目：綠茶、烏龍茶、紅茶，再由這三個項目衍伸出更多細微的變化。

早期沒有真空包裝的技術，爲了保存與運輸，將發酵與乾燥度做足，茶葉越不容易變質，進而演變出各種不同的製茶技術。當時是用茶湯顏色來區分茶葉種類的，到了現代，因著包裝與製茶的演化，就能變化出更多種風味的做法，不論茶湯顏色如何，還是會依照茶的「工序」來做區分。例如紅茶的製作工序，發酵約三成的大吉嶺春摘紅茶，與許多接近無發酵的台灣高山烏龍，都是因爲包裝技術進步而產生的變化。

茶湯顏色與香氣變化過程

1 綠色（氧化10%）
青草香、綠豆香

2 黃綠（氧化20%）
白花香、黃花香

3 金黃（氧化30%）
青果香、芒果青、白葡萄

4 橙黃（氧化40%）
類似鳳梨、百香果的熱帶水果味

5 橙紅（氧化50%）
紅肉李、莓果香氣

6 鮮紅（氧化60%）
龍眼乾、紅棗香氣

7 深紅（氧化70%）
紅糖味

8 暗紅（氧化80%）
黑糖味

　　初製是在產地完成的，此時的茶非常新鮮，也稱為「生茶」或「毛茶」，茶葉的乾燥度與水分分佈還處於不穩定的狀態，刺激性高且不好保存。市面上有部分消費者非常喜愛生茶，因為鮮爽度非常高，只是一旦過了嚐鮮期，風味曲線就會直線往下掉。就像生魚片一樣，口感鮮爽、肉質細緻，但需要嚴苛的保存環境才能維持鮮度，超過時間就不能吃了，吃了會對身體造成負擔。

　　因此，「後續精製再乾燥」是必要的工序。茶葉內部的水分慢慢消散，每個階段去除水分的工序名詞不太一樣，目的都是為了讓水分均勻地消散，葉子的階段是「走水」或「消水」，茶乾的階段是「烘乾」或「乾燥」。

重視走水時間點的採摘

　　一般來說，早晨時，葉子在茶樹上的含水量是最高的，大約80-100％左右。露水凝結在葉子表面，含水量極高，是需要長時間細心呵護的，才能讓葉子走水順暢。

　　到了中午，陽光直射，葉子含水量低約80％，氣溫漸高與濕度低，走水工序較能穩定製作。午後霧氣多了，含水量又提高了，空氣中濕度提高了，走水較不易，需要細心呵護。採摘時，若不小心讓葉子受傷，就會讓走水不順暢，而造成「積水」。積水會使得茶湯風味有水味、水澀。

此為採摘過程中受損的葉子，顏色較深的地方就是「積水」。

從品種、產季、產地與製作探討茶風味

1 綠茶
Green Tea

　　綠茶是屬於不發酵的製茶工藝，把兒茶素完整保留。茶葉本質的豐富甜感帶著青草與綠豆的香氣，有著滑順的果膠質，製茶技術帶出層層花香，整體是輕盈滑順風味，較重視在前段的感受，中後段茶感與單寧感相對薄弱。綠茶是容易變質的茶款，產地多在氣候乾冷的地區，最重要的是讓兒茶素與脂肪保持在最完整的狀態下製作，每個工序都需要細心製作，影響的風味變化也相對侷限。

製法如下
採摘 > 室內萎凋 > 殺菁 > 揉捻 > 乾燥

■**採摘**——依照最終想呈現的茶款風味決定採摘等級，大多以嫩採來呈現細緻的風味。

■**萎凋**——不需經過曬菁，直接進室內做萎凋，控制好相對濕度，輕微翻動，使水分均勻消散。綠茶為保留兒茶素完整，在萎凋時不經過聚堆發酵的工序。

■**殺菁**——使用高溫殺菁，讓茶葉內的酵素定型，使兒茶素停止氧化。在日本的氣候乾冷，他們會以高溫的蒸汽來殺菁，為了使葉子本身保有相對的水分，這樣揉捻時，才不會因為乾枯而脆裂，破壞了乾淨的風味。

　　依據葉子的厚度不同，會使用適合的蒸菁方式，才能完整將酵素殺死，以固定發酵程度，葉子薄的品種使用「淺蒸」，使香氣清亮滑順，葉子較厚的適合「深蒸」，如此滋味表現才厚重飽滿。

■**揉捻**——用輕盈的方式揉捻，破壞葉子中的細胞壁，讓葉子裡的物質釋出並溶於水，將茶葉的外觀定型，呈現條索狀。大部分綠茶都是嫩採，揉捻時需輕柔對待，使風味乾淨滑順，揉捻過重會使嫩葉破損，讓風味變濁。製作玉露這款茶，在揉捻時以毛刷加上輕採方式，讓風味保持完整。而煎茶爲了呈現亮麗的風味，揉捻力道會稍微再重一些（請見Chapter 4玉露、田原の里的風味結構）。

■**乾燥**——綠茶乾燥時，會盡量避免過高的溫度，以低溫熱風約70-90℃將茶葉內部水分烘乾，除了降低茶葉含水量之外，也會讓先前殺菁不完全的部分確實停止氧化。溫度太高會讓茶葉焦糖化，是綠茶不可以出現的味道。

　　不過，抹茶則有別於一般綠茶的製作方式，日本抹茶的揉捻工序是特別細緻的。先將茶葉萎凋蒸菁後直接乾燥，待葉子回潤後送加工碾碎，挑掉茶單寧較高的葉梗與葉脈，只留下葉子的部分。製作抹茶的原料稱爲「碾茶」，之後使用石臼慢磨成極細的茶粉。石臼研磨的轉速不能過高，產生溫度會使抹茶粉變質。

關於萎凋與走水

　　萎凋是使葉子內部水分慢慢消散的工序，控制相對濕度，讓葉子內的水分均勻消散，會依照最終茶款想呈現的風味來決定萎凋方式與時間。有的茶款會日光萎凋，讓茶款有亮麗奔放的香氣，有些會直接室內萎凋，使風味細緻沉穩。更重要的是，萎凋的工序務必確實，走水順暢才能使香氣俐落分明，風味結構也會完整。

　　然而，葉梗內深層的水分較難完整走水，一旦茶園管理不當的話，茶樹的健康狀況就不佳，葉子在長時間走水的過程中，會直接失去生命力，稱為「死採」，水分會直接鎖在葉子內，所以這樣管理的茶葉在製作時，必須趕在葉子死亡前直接殺菁，如此就會造成萎凋嚴重不足。

　　走水不完整會讓茶湯殘留不好的草菁味、水味、悶味，像是連續下雨衣服潮濕的悶味，而且會對身體造成不良影響。可以想像成去菜市場買雞，但放血的工序沒有做好，在後續烹調過程就產生可怕的壞味道，更會對身體造成負擔。

烏龍茶
Oolong Tea

在早期，包裝與運輸技術尚未發達，爲了使茶葉品質能穩定保存，烏龍茶必須做到近50%的發酵，所以稱爲「半發酵茶」。隨著包裝、運輸、保存技術進步，茶葉不容易變質，能變化出不同的發酵程度，所以現在稱爲「部分發酵茶」。就像是早期沒有冰箱，大部分的食物都必須煮熟醃製，才能有辦法保存，現在有冰箱與眞空包裝，許多食物就能保持鮮度了。

烏龍茶的文化大部分都集中在沿海區域，每個區域因文化背景不同，因此製作工序就有細微不同，讓風味結構有很大的差異。台灣就有球型與條索型的烏龍製法，大陸沿海一帶也有製作烏龍的茶區。

烏龍製茶技術能發展出非常多元的風味表現，從輕發酵的青草白花香，到重發酵的熟成水果香氣；保留細緻度的條索狀揉捻與表現飽滿的球狀揉捻。只有烏龍茶有焙火的工序，在製茶工藝就能組合出幾千種特色風味。清爽的文山包種、圓潤的高山烏龍、厚重的凍頂烏龍、華麗的東方美人、沉穩的武夷岩茶…等，都屬於烏龍茶的製作方式。

製法如下

採摘 > 日光萎凋 > 室內萎凋 > 浪菁 > 聚堆發酵 > 殺菁（炒菁）> 揉捻 > 解塊　再次乾燥 > 精製

■**採摘**——依照最終想呈現的風味來決定採摘時間與採摘部位。重視輕盈細緻風味的東方美人與文山包種大多「嫩採」一芯二葉；重視圓潤飽滿風味的凍頂烏龍與武夷岩茶，會等新芽成長開片之後「採嫩」一芯二葉至三葉。因為精製需長時間焙火，所以不宜採太嫩（請見Chapter4凍頂烏龍與馬頭岩肉桂的風味結構）。

■**日光萎凋**——均勻地將茶菁平鋪在室外做日光萎凋，日光將茶葉表面的蠟質層分解，並快速去掉一部分的水分及草菁味。日曬時間與程度需拿捏精準，在曬菁場頂上會裝黑網，讓做菁師傅能控制日曬程度。日光萎凋是製作傳統凍頂烏龍必要的工序，為了讓風味亮麗飽滿，有部分台灣高山茶場設有半室內的曬菁場，目的是降低下雨時無法室外萎凋的風險。

■**室內萎凋**——利用空調控制室內溫濕度，將茶葉均量置於笳笠、使其繼續走水，慢慢地將深層葉脈及葉梗的水分帶出來，固定時間需輕輕翻動茶葉，讓每片茶葉都能均勻地走水。做菁師傅會看茶葉走水的狀態，來決定進入下一個工序的時間，走水完成，就可以開始進行浪菁。

室內萎凋

■**浪菁**——想呈現輕爽風味的茶款，浪菁時間較短，部分的高山烏龍就是以這樣的方式製作的。在中低海拔的茶區，想表現出厚重飽滿的風味，浪菁的時間就會加長。岩茶浪菁時還會以炭火加溫，增加兒茶素氧化速度，使茶感更重尾韻更扎實（可比較Chapter 4梨山蜜香烏龍、凍頂烏龍、正岩肉桂的風味結構）。

浪菁時，將茶葉置於浪菁機裏讓茶葉翻滾，翻動使葉子間互相碰撞使得葉子邊緣細胞壁破損，使氧氣得以進入細胞壁裡，讓兒茶素氧化，讓茶葉的風味產生變化。浪菁時間與力道會影響葉子邊緣的破損程度，也會直接影響到聚堆發酵的時間。破損程度越高、氧化速度越快，相對風味容易變濁；破損越低、氧化速度越慢，風味表現比較乾淨。

■**聚堆發酵**——依照茶菁原料或製茶師傅的想法，製作出不同發酵程度的風味。短時間的聚堆發酵約10％，做出黃綠色且鮮爽接近綠茶風味的茶湯，目前台灣許多高山茶區都是這樣的製法。傳統的凍頂烏龍會做中重度的發酵約40％，是橙黃色、有著繽紛水果風味的茶湯。

浪菁

聚堆發酵

聚堆發酵主要會讓氧氣由破損的葉緣進入，使兒茶素氧化，兒茶素氧化程度不同就會產生不同香氣。氧化的比例與浪菁是直接對應的，葉緣破損程度越高，葉緣發酵程度也越高。相對的，葉子內部發酵程度較低，會使茶葉邊緣與內部發酵程度不同。

　　如果萎凋工序做得確實，可以做出內外不同多層次的風味表現。或者輕微浪菁，讓葉緣輕微破損，用長時間聚堆發酵的方式，讓整個葉子均勻發酵。前者像是煎五分熟的牛排，外圍熟度高、內部保留肉質原味，能吃到煎得焦香感與內部肉汁的鮮甜；後者像是使用低溫烹調機，慢慢將整塊肉的熟度煮到均勻，能吃到乾淨一致的風味。

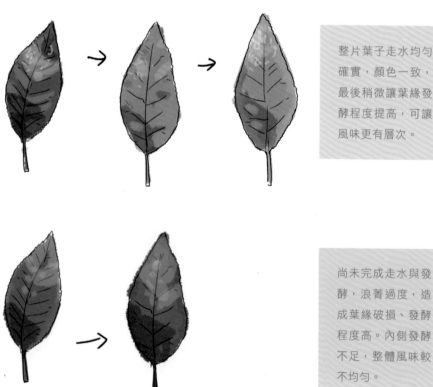

整片葉子走水均勻確實，顏色一致，最後稍微讓葉緣發酵程度提高，可讓風味更有層次。

尚未完成走水與發酵，浪菁過度，造成葉緣破損、發酵程度高。內側發酵不足，整體風味較不均勻。

殺菁

■殺菁──製茶者決定這支茶的香氣後，就用高溫炒菁機將茶葉炒熟、把酵素殺死，停止兒茶素氧化，有的製茶師稱為「抓香」。在這個工序裡，炒茶者需有豐富經驗，確保茶葉有完整炒熟，不能有未熟的情況，未炒熟的葉子會殘留很重的草菁味。除了炒熟是必須之外，又不能將茶炒得過乾，一旦太乾，揉捻時葉子會脆裂，炒茶溫度與時間需拿捏精準。

■揉捻與解塊──目的是將茶葉慢慢地揉捻成球狀，工序繁瑣。通常會花上8小時左右來進行這個工序。將茶葉包布，用揉茶機慢慢整形，一點一點的揉捻，單次團揉的力道不能過大，容易讓稍微乾燥的葉子破損，團揉後再解塊，反覆至茶葉外觀變成球狀為止。

　　包布揉時，將茶葉揉捻成球型是必要工序，以棉布包覆、慢慢施加壓力揉成球狀，反覆揉捻並解塊，將茶葉慢慢揉捻成型。需注意茶葉本身水分分布的情況，一次一次的慢慢將茶定型，若茶葉本身太乾又強行揉捻，會讓葉子周圍較乾枯的部位碎裂，這樣破碎的細粉被包覆在茶裡，造成沖泡時茶湯容易濁湯。

若是揉捻力道弱不足，茶葉細胞壁破壞不夠，會造成沖泡時萃取不均勻，甚至風味結構太鬆散。通常揉茶這個工序都有固定的揉茶班底，經驗豐富的揉茶師傅會視每批茶葉原料的狀態，給予適合的揉捻方式。

包布揉捻

■**初步乾燥**——變成球狀的茶葉，用大型的熱風乾燥機將茶葉的含水量乾燥至5％左右。這時，茶葉在製茶場的工序就完成了，此時茶葉水分分佈得不均勻，還是屬於不穩定的狀態且刺激性也高，接下來就是烘焙者需完成精製的工序。

初步乾燥

3　紅茶
Black Tea

　　紅茶是沒有經過高溫殺菁讓兒茶素充分氧化的製作方式。台灣紅茶的製作技術是從日治時代開始，由台灣紅茶之父新井耕吉郎，在台灣培育出各種品種並且將製茶技術深耕，在魚池鄉日月潭旁建設了台灣茶葉試驗所。紅茶的工序跟烏龍比起來相對簡單，雖然字面上看起來爲全發酵茶，但實際上發酵程度約 60-85％左右，發酵程度85％以上的紅茶，口感風味會非常重。

　　在印度大吉嶺春摘茶1st Flush，因爲天氣乾冷，無法將茶做到高度發酵，莊園爲呈現茶本質細緻清爽的風味，讓茶的發酵程度落在15-45％左右，並使用紅茶的工序將茶葉製作完成。表現出輕盈細緻、類似清爽的白葡萄酒般的風味。而大吉嶺的夏摘茶2nd Flush，陽光氣溫都足夠讓茶充分發酵，這時就是莊園表現製茶工藝的時候，發酵度約60-85％，就是一般常見紅茶的發酵程度，表現出熟成麝香葡萄與熱帶水果風味。

製法如下

採摘 ＞ 室內萎凋 ＞ 揉捻 ＞ 聚堆發酵 ＞ 乾燥 ＞ 精製

■**採摘**──台灣製作紅茶的茶菁原料與烏龍比起來會採得較嫩些，在適當的時間點將茶葉採收後，小葉種通常嫩採一芯一葉，大葉種會採嫩一芯一葉葉或嫩採一芯二葉，採摘部位會直接影響茶葉製作與風味表現（請見Chapter4紅玉與金萱紅茶的風味結構），通常小葉種細緻口感滑順，大葉種滋味厚重尾韻飽滿。

■**室內萎凋**──採摘後，直接進到室內做萎凋（靜置），利用空調控制室內

溫濕度，茶葉均量平鋪於笳笠使其走水，慢慢地將茶葉葉脈及葉梗的水分帶出來，固定一段時間就要輕輕翻動茶葉，讓每片茶葉都能均勻走水。

做菁師傅會看茶葉走水的狀態來決定進入下一個工序的時間，走水完成了就可以準備揉捻了。紅茶沒有經過日光萎凋，所以水分含量高，在相對濕度較高的地區，萎凋靜置的時間會非常長，經常超過48小時，水分才消散得均勻，相反的，在印度大吉嶺地區，相對濕度極低，萎凋的時間就會縮短許多。

■**揉捻**──依照採摘等級與最終想呈現的風味，來決定揉捻時間與揉捻施壓的力道，通常，小葉種纖維細緻輕柔，揉捻大約20分鐘，讓茶湯風味滑順細緻。大葉種纖維較硬、揉捻時間也需拉長，大約30分鐘，好把大葉種厚實飽滿的特色表現出來。

About Tasting

切碎揉捻的 CTC 製法

不同於上面所說的製法，CTC（Crush、Tear、Curl）是切碎揉捻的紅茶製作工法，為因應早期運輸條件而生的製作方式。切碎後再揉捻，能使茶葉接觸空氣的面積更大、氧化也更完全，發酵完整的紅茶在長時間運輸過程下不易變質，同時也降低包裝的容積大小。CTC是重揉捻、重發酵的茶款，茶感與單寧厚實，非常適合做成鮮奶茶。

紅茶揉捻

　　進行揉捻時，會破壞茶葉的細胞壁，讓氧氣進入茶葉內，並與兒茶素進行氧化作用。紅茶是揉捻後再氧化的製茶工藝，揉捻能讓更多的氧氣進入細胞壁裡，因此揉捻力道與時間就是非常重要的關鍵，揉捻力道大、細胞壁被破壞得多，發酵時間也能縮短，但相對的口感會偏濁；揉捻力道小、時間拉長一些，這樣能讓細胞壁破損均勻，在風味上也比較細緻。

■**聚堆發酵**——把揉捻好的茶葉堆置，提高室內的溫度與濕度，讓兒茶素能均勻且充足地氧化。氧化程度與揉捻力道與時間是成正比的。聚堆發酵若太濕，會讓茶產生很重的發酵味，許多消費者不喜歡這個風味。不提高濕度的話，需將發酵的時間拖長，能讓茶的風味乾淨且細緻。許多紅茶製茶廠設有專門的發酵空間，利用空調控制溫度與濕度，讓茶葉可以穩定發酵；甚至像大吉嶺莊園，還設有控制氣壓的發酵空間，就是為了讓風味穩定。

■**乾燥**——將發酵完成的茶葉，用低溫乾燥至含水量4%左右就完成了。因為紅茶多為條索狀，乾燥溫度建議使用75℃溫火即可。若用太高的溫度乾燥，容易使外表燒焦、產生焦苦味，如此茶鹼與咖啡因也會包於茶梗內而無法散出。

第二階段：讓風味更完整的精製

茶與咖啡一樣，在初步製作之後，還有烘焙者的重要角色，若沒有做好精製的工序，就不能算完成一款茶的製作。簡單來比喻，沒有精製過的「生茶」或「毛茶」就像沒有煮熟的食材或是還沒烘焙的生咖啡豆，屬於半成品，還無法稱為商品；而精製好的茶像是完成烹調的料理，風味完整且無刺激性。

精製是烘焙者的主要工作，為使茶葉有更好的保存條件及風味呈現。為了降低茶的刺激性，精製工序所花費的時間經常是初製的十幾倍，有些傳統工藝製作的茶款需要醒個半年才好喝，甚至有些紅茶會熟成一年之後才拿出來販售，就是為了讓風味有更好的呈現。

茶葉精製幾乎佔了我工作時間的三分之一，透過精製烘焙讓我更了解茶的本質，我常比喻自己就像茶的廚師，在焙茶的過程中，茶葉的任何狀況都會被放大並且反應出來。

熟悉茶葉的本質與來源，才能將風味表現控制得宜，首要必須懂得喝，才能判斷茶葉的狀況，並且是在正確萃取茶湯的表現下，就能知道在茶葉製作如何調整而獲得改善。好的廚師也是如此，為了成就一道色香味俱全的料理，得對食材瞭若指掌，並且味蕾敏感，吃得出來烹調過程中的任何一個狀況。精製者必須要對下列四項都熟悉瞭解才可以，一旦缺少其中一樣，就無法做好精製的工序。

■茶葉初製
■烘焙精製
■萃取沖泡
■風味評鑑

精製有四個主要工序，分別是瑕疵挑選→烘焙→回潤→包裝，其中的烘焙又分成「烘乾」與「焙火」兩個不同的工序，必須先烘乾再焙火，就如同之前比喻烹飪一樣，食材得先煮熟再調味。茶葉的精製邏輯與精品咖啡很類似，茶葉是植物的葉子部分，纖維結構脆弱，以低溫長時間烘焙，溫度大約落在70-140℃這個區間，依照最終想呈現的風味決定。但咖啡豆是密度高的種子，需用高溫且短時間烘焙，溫度大約落在100-220℃。

About Tasting

不同烘焙機具亦會影響茶風味

大型的甲種乾燥機： 以輸送帶與熱風來乾燥茶葉，茶葉與熱源都是移動的，可快速達到效果，但風味結構較鬆散，適合含水量極高時使用。

循環式熱風乾燥機： 因為外型與冰箱類似，所以也稱為冰箱型乾燥機，以熱風來乾燥。茶葉不動、熱源移動，香氣流失較多，但做出來的茶風味結構比甲種乾燥機好。

焙籠： 傳統的竹製焙籠，茶葉平鋪於竹籠，熱源分別有炭火、電熱線圈、紅外線。是茶葉不動、熱源也不動的烘焙方式，靠著空氣流動來達到乾燥效果，具有穿透性。工時長、難度較高且產量較少，香氣流失也較少，因此風味表現集中。

1 瑕疵挑選以去除雜味

目的在於去除雜味，台灣稱這個工序叫「挑ㄍㄧㄣ茶（台語）」，意指將茶葉瑕疵的部位挑掉，我個人習慣只挑選會產生雜味的部分，刻意留下一些小小的瑕疵，反而能增加整體風味的層次感。尤其自然農法與有機栽種的茶園，瑕疵的比例非常高，更要細心挑選。就像是削水果時，會把撞到或是被蟲咬的部位削掉一樣。但若過度挑選可能造成風味結構太過集中於茶感滋味，反而失去了支撐風味結構的單寧感。所有茶款都必須經過挑選的工序，但挑選的工序會使茶葉大量接觸到空氣，所以挑選後需要再一次乾燥。

挑選瑕疵

挑選時，通常會除掉「黃片」，是指過度纖維化的葉子，容易讓茶湯單寧感過高、破壞平衡感，或造成茶湯混濁的現象。下面三種狀況會造成黃片：

■採摘到過老的部位
■被害蟲啃咬而過度纖維化的葉子
■有蟲卵附著的葉子

另外，也會挑選掉過多的「茶梗」，因爲過多茶梗易使茶湯的單寧感過高，且茶梗內部水分含量通常較高，造成死澀，影響整體茶湯風味表現。原因則有兩個：

■採摘過長的支梗
■採摘過老的枝幹

左：挑選出來的黃片。中間：保留下來的良好茶乾。右：挑選下來的茶梗。

2 烘乾焙清能使風味完整

以低溫將茶葉確實烘乾烘透，稱為「焙清」，必須把所有刺激性完全去除，是最基本一定要做好的工序。若沒有烘透，過了嚐鮮期，茶葉內殘留的咖啡因與茶鹼會造成頭暈、茶醉、心悸、胃謅謅、睡不著…等症狀，對身體造成負擔。完整乾燥好的茶，風味表現完整、層次分明，像是煮熟的白飯，口感粒粒分明吃不會有負擔，沒烘透的茶，風味結構鬆散、容易帶雜味，就像米心沒煮透的白飯而難以下嚥。

不過，講得簡單，實際上做起來卻是非常困難的工序。在剛創業的時候，有幸遇到在南投竹山從事傳統碳焙的老師傅，當時喝到民國94年以龍眼木炭焙製的紅水烏龍，改變我對茶的想像，是極度乾淨又醇厚飽滿的風味結構。老師傅說：「茶一定要清，有清就會香」，從此，焙清成了我的標準與目標，一直到現在快6年了，我才真正做到把茶焙清，把不同類型的茶款，在極度萃取的測試下也能不帶茶鹼與刺激性，讓茶喝起來是乾淨又舒服的。

比較困難的是需呈現原始風味的茶款，不能因為烘乾溫度過高而焦糖化或入火。綠茶、紅茶、文山包種、東方美人，這些都是不能入火的茶款，需用溫火慢慢的將水分帶出，切勿急躁、想用高溫快速乾燥。而揉捻成條索狀的茶款比較容易焙清，但也容易入火。至於揉捻成球狀的茶款，相對不容易完全焙清，但球狀茶款大多為烏龍茶，可以使用較高的溫度來乾燥，像是清香型的高山烏龍茶，輕微的焦糖化是許可的，也會增加整體茶湯的風味層次。

從品種、產季、產地與製作探討茶風味

烘乾過程中，茶葉外圍的水分會最先流失，此時茶葉內部水分移動會跟不上乾燥流失的水分，外圍過乾、內部含水量高，再繼續乾燥會使外圍入火並焦糖化，水分就被鎖在葉子裡面出不來，造成所謂「包水」的現象。這樣做出來的茶，其風味表現前段多了焦味或火味，中段因含水量高會帶水味、水澀且風味鬆散，後段會有茶鹼的苦感，風味不平均。完整焙清的茶，除了無雜味無刺激性之外，沖泡茶葉時，還能讓每一階段都能均勻萃取，茶葉的每個部位都能完整表現出自己的風味特色。

　　呈現原始風味的茶款需分成多次乾燥，每次乾燥後需等茶葉回潤，讓茶葉內部的水分分佈均勻後再次低溫乾燥，回潤的時間大約5-7天，並且反覆地萃取並確認深層茶鹼都有確實烘透，才算完成「焙清」。

About Tasting

含水量低，不等於焙清

有些重視品質的製茶廠在初步乾燥時，會刻意把含水量壓低在4%左右，但還是會被歸類在毛茶，此狀態茶葉的水分分佈極度不均勻，集中在中心點的水分帶有高度的茶鹼與咖啡因，需等待茶葉回潤，讓中心點的水分均勻擴散到整個茶葉時，再將其焙清。如果還沒回潤就開始烘乾的工序，很可能會讓外圍快速焦糖化造成「包水」，這樣的茶會帶有高度刺激性，這是球型烏龍茶常見的狀況。

３ 回潤回火讓水分重新分佈

　　每一次烘乾茶葉與進行焙火工序後，必須讓茶回潤，依照茶乾外觀不同，回潤時間大約是3-7天不等。目的是為了讓茶葉內部深層，尤其是葉梗與葉脈內的水分，再次均勻分佈到茶葉每一個部位。乾燥後的茶葉就像海綿一樣，只是水分流動比較慢，等待水分分佈均勻後，就會進入下一個焙程。回潤時，需存放於常溫且乾燥環境，切勿將回潤中的茶抽真空，真空會改變水分的分佈狀態。

　　第一次乾燥完成的茶，外圍水分少，集中到中心點，前段風味變得集中，香氣減少，中段滋味結構變得更清楚了。原先外放的香氣入口後從茶湯裡爆發，但中後段可以明顯感受到含水量較高的風味，尾段有點像是多汁的水果，這樣的風味結構是需要再回潤的。

　　回潤完成後的杯測，是決定接下來應該怎麼烘焙的重要關鍵。需測試葉梗與葉脈內的茶鹼是否有完整焙透、水分的分佈是否都均勻、風味結構是否穩定，下一個焙程需繼續乾燥焙清，或是已經可以進入焙火階段。

Step 1

從初製乾燥後,到準備烘乾前,先靜置使茶葉回潤,讓水分均勻的擴散到茶葉每個部位。此時是屬於生茶(毛茶)階段,含水量通常高於5%以上。

Step 2

挑選瑕疵後,使用低溫再次將茶葉烘乾,外緣的水分會最先被帶走,中心點含水量不變,有刺激性的茶鹼也還在中間。外層達到完全乾燥時,停止繼續烘乾,若再持續烘乾會使外皮焦糖化,此階段屬於半成品,含水量約5%左右。

小提醒

Step2 如果沒有經過回潤時⋯

烘乾時若沒有經過回潤,會讓乾燥的外層焦糖化,使水分與生物鹼刺激性被包覆在茶葉內部。大部分的刺激性就會被保留在茶葉裡,水分含量約在5%以上。

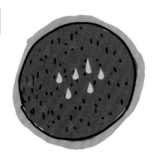

Step 3

回潤時，用高密度且無雜味的大袋子將茶葉裝好，把太多的空氣擠出後綁緊，切勿抽真空，放置於陰涼乾燥處靜置，讓中心點的水分與茶鹼慢慢地均勻擴散到整個茶葉。回潤時間會隨著存放環境的溫濕度變化增減，約一週左右。

Step 4

再次以低溫將茶葉乾燥，烘乾原先中心點的水分，將大部分生物鹼去除。此時已完成乾燥，水分含量大約在4%以下。

通常是短時間高溫烘焙較容易造成這種外表焦糖化，內部乾燥不足的現象，就是所謂「包水」，可以想像成煮飯時米心沒熟的狀況。

依發酵度決定焙火程度

　　早期因包裝保存技術尚未發達，習慣以高溫焙火讓茶葉不易變質、得以保存。焙火是讓茶葉在完全脫水的狀態，是醣類、氨基酸與蛋白質產生的焦糖化現象，又稱為「梅納反應」，像乾煎肉排，外皮產生的焦香美味也是梅納反應。

　　一般來說，春茶茶質高，氨基酸與糖類含量高，整體茶感滋味厚重，焙火後滋味更加醇厚。但冬茶果膠質高，整體風味細緻、滋味較薄弱，可以靠焙火工藝增加整體結構，讓風味更完整。我個人喜愛烘焙春茶來存放，享受茶葉每年轉化成不同的風味，使用冬茶來烘焙出風味極致且平衡的茶款。

　　只有少數茶款是需要焙火的，例如：台灣球型烏龍茶、日本焙茶、大陸武夷岩茶，大多是因為地方文化特色而產生的工藝，並會依照原料的狀態來決定該如何焙火，「看茶焙茶」就是這個意思。發酵程度高的茶款，醣類轉化率高，適合焙火，所以火與茶風味結合度高。相反地，發酵程度低

的茶款，味道轉換程度低。較不適合焙火，風味表現分離，火、水、茶感
覺像默契不好的兩人三腳。烘焙茶葉時，所有在茶園管理與初製完成的風
味，不管是優點或缺點都會放大，並且表露無遺。

　　一定得先焙清才能焙火，依焦糖化的程度，茶湯顏色會跟著變化，茶
葉焙火是循序漸進的，需一層一層慢慢焙上去，每個焙程溫度都須控制得
宜，有時溫度差一兩度就會讓風味有很大的變化。除了溫度，烘焙空間的
濕度、進氣空氣的乾淨度、空氣的流動、茶葉鋪的厚度、熱源種類、熱源
均勻度、翻動均勻度，每一個小細節都會影響最終風味呈現。若溫度烘焙
太高，會讓茶葉表面燙到，造成焦味或是醬味，是屬於不好的味道。

1 極淺焙
Extreme Light

■風味變化

去除雜味與刺激性，加強它原本細緻的風味。

■茶乾茶湯呈現

茶乾與茶湯的顏色不會有太大的差異，茶乾呈現原先的綠色、茶湯黃綠色。球型烏龍茶建議分成兩至三次低溫烘焙完成。

2 淺焙
Light

■風味變化

茶葉焙清後,再增加一次中溫收尾的烘焙
工序,讓原本的風味增加一些蔗糖甜感,
茶乾與茶湯色澤稍增加微微的焦糖褐色。

■茶乾茶湯呈現

茶乾顏色變得更均勻,茶湯金黃色,並使
整體茶湯結構更集中且層次更豐富。

3 中淺焙
Median Light

■風味變化

將淺烘焙茶增加中溫烘焙高溫收尾的焙
程,使茶淺焙的風味甜感層次增加,花果
香稍微成熟,多了許多焦糖甜感。

■茶乾茶湯呈現

茶乾與茶湯呈現黃褐色。在南投縣名間鄉
大多習慣這樣焙火的程度,有些人會稱這
樣的茶款為「半生熟」。

4 中焙火
Median

■風味變化

將淺烘焙茶再次以高溫烘焙高溫收尾的焙程，會分成兩至三次烘焙完成。原先的花果香變得熟成，加上焦糖楓糖的甜感。

■茶乾茶湯呈現

茶乾與茶湯呈現褐色，類似現在鹿谷鄉農會比賽茶習慣的焙火程度，這樣的烘焙程度通常會被稱為「熟茶」。

5 中重火
Median Dark

■風味變化

將中焙的茶再多次長時間中高溫烘焙,焙程時間長、回潤時間也長,最少會分成四次烘焙,讓茶可以穩定保存,茶葉原料的發酵度需極高才適合這樣烘焙,許多藏家喜愛收藏這樣的茶款並存放成陳年茶。熟果香轉化成沉穩的木質調性,再加上黑糖或太妃糖的風味。

■茶乾茶湯呈現

茶乾呈現均勻的深褐色,茶湯琥珀色,所以才有「紅水烏龍」這樣的名字,是台灣傳統凍頂烏龍的烘焙程度。

6 重焙火
Dark

■風味變化

只有特定的品種與作法才能用重焙火的技巧，重度發酵的鐵觀音品種適合這樣的烘焙程度。長時間高溫的包布焙火，讓茶球慢慢地熟透到中心點，必須要分成多次烘焙到這樣的重度。熟果韻味沉穩，火甜明顯、木質調性的風味表現。

■茶乾茶湯呈現

茶乾呈現均勻的深黑褐色，茶湯暗紅琥珀色。

7 碳化
Extreme Dark

■風味變化

過高的溫度讓茶葉碳化，茶的活性與營養
價值降低，是泡再久也泡不開的茶款。茶
乾呈現黑色，也有人稱為「黑金茶」，茶
湯深褐色。風味有細細的焦糖甜與木質調
性感受。

鐵觀音是品種名稱，也是製法名稱

早期鐵觀音都是用鐵觀音品種下去製作的，但因鐵觀音品種本身產量較少，供不應求，就開始有茶農用金萱或是翠玉的品種來代替，這兩個品種的受火性高，能焙火出類似鐵觀音的風味。所以市場上會出現許多「鐵觀音做法的鐵觀音」，卻是使用不是鐵觀音品種的鐵觀音。所以用鐵觀音品種的茶樹去製作的鐵觀音才會稱之為「正欉鐵觀音」。

Chapter 2　從品種、產季、產地與製作探討茶風味

▍茶葉保存與包裝

茶 葉在保存上，一般選用鋁箔袋來隔絕陽光，利用抽真空或填充氮氣來隔絕氧氣，真空包裝通常會配合脫氧劑一起使用，讓包裝內的含氧量更低，沒有氧氣就不會氧化，甚至備有茶葉專用的冰箱，便可保持茶葉的鮮度。大部分鮮爽的綠茶與清香型高山茶款，它們的兒茶素還是屬於不穩定的狀態，就必須這樣保存。

不過，真空包裝方式幾乎把氧氣去除了，因此需要氧氣熟成的茶款就不適合使用真空包裝來保存，比方重度發酵重度焙火的烏龍茶、傳統工序的東方美人、厚實飽滿的紅茶；因為熟成度高的茶款是需要呼吸的，微量的氧氣能幫助醒茶，降低火燥感，只要將鋁箔袋封口，並置於常溫下即可保存。

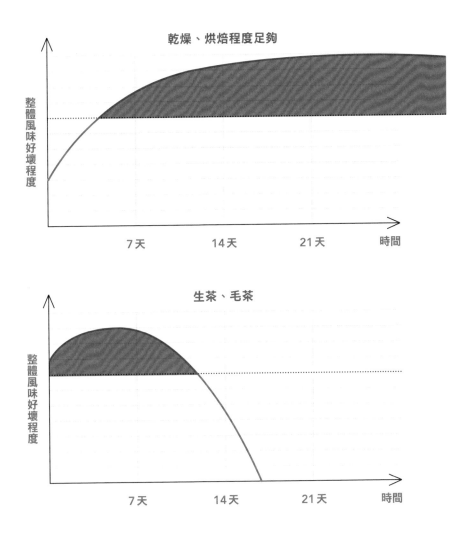

醒茶回潤與保存

　　製作工序完整的茶葉，是需要醒茶回潤的，與紅酒需要時間醒酒的概念一樣，也像是剛烘焙好的咖啡豆一樣，不適合馬上飲用，會依照乾燥度與烘焙程度來決定最佳賞味期。烘焙程度越高就要存放越久，若接觸空氣時間太久，茶葉容易受潮且變質。以鮮爽爲特色的茶款則適合馬上品味，不適合存放，就像大部分的薄酒萊葡萄酒適合馬上品味，而勃根地地區的酒款適合存放後再品味。

茶葉若是受潮、含水量提高，在還沒到變質之前，風味變得稍微鬆散且帶有水味、水澀，在這個階段還可以靠烘乾把水分去除，便可以回復原先的風味完整度。再繼續放下去，水中的氧氣開始跟茶葉內的脂肪發生作用，脂肪氧化後便開始酸化，而造成油脂酸化的味道，若已經產生酸化的味道，就很難靠烘乾將茶葉救回，只能把茶葉烘焙到更重來掩飾酸化的味道。

茶葉的陳化

只要茶葉製作得宜、保存環境正確，茶葉是可以存放超過百年的，而且有些越放越值錢，有人說老茶是可以喝的古董，非常珍貴，喝一斤就少一斤。在存放過程中，茶葉內的兒茶素漸漸氧化轉變成沒食子酸，使風味表現沉穩。

焙火與發酵程度足夠的茶款，可入陶甕熟成，未上釉的陶甕保有毛細孔，像是穿上棉質的衣服般會呼吸透氣，能使茶快速陳化。茶葉應保存於通風陰涼乾燥處，地下室雖然陰涼但濕度較高，所以並不建議。有些饕客會尋找陳年茶，有些年份特殊的茶款風味極佳，在經過存放之後，風味發展會更加完整。

3

Tea-liguid Analyzing Laboratory

找出喜愛的風味！
茶湯萃取實驗室

□次數與均勻度對萃取的影響　□茶葉外觀對萃取的影響　□水對萃取的影響

□泡茶器具對萃取的影響　□沖泡技巧對萃取的影響　□喝茶器具也會影響風味

掌握各種沖泡條件

在前面的篇章，對於風味與茶葉本身應該都有一定程度的認識了，接下來我們要實際把茶沖泡出來！一開始先認識器具，再試著去理解不同器具的結構原理，接著用同樣的茶葉，照著標準沖泡練習，慢慢就會記住茶葉標準沖泡的濃度與風味結構。

我們先思考一下，茶款是否還能有更好的風味呈現？先把萃取條件一項一項列出來，包含茶葉狀態、泡茶器具、喝茶器具、沖泡用水、沖泡溫度、注水方式，理解每個條件的原理與對風味的影響之後，再用做實驗的方式把萃取條件設定好，比較一下怎麼沖茶更對味、更適合。

慢慢地掌握了這些沖泡條件，在每次沖泡前，先判斷茶葉當下的狀態，構思最終想呈現的風味，再選擇最適合表現的器具，思考用什麼樣的方式注水，好讓茶可以均勻萃取；看著茶葉在茶壺中翻攪，慢慢張開釋放，透過萃取經驗的累積，更認識茶的本質。就像廚師做菜，熟悉食材的本質、熟悉每個鍋具，因應不同的食材選擇不同的料理方式，只為呈現食材最極致的風味。

茶湯的萃取是使用水讓茶葉內部物質釋放溶於水中，茶葉釋放的速率與程度就會直接影響最終風味的呈現。從茶葉本質到沖泡用水、煮水與泡茶器具、沖泡技巧…等，每個細節都會影響到釋放程度，藉由這些萃取時的變因，先讓大家對風味有初步的認識。

萃取變因	萃取設定		
茶葉本質	茶葉採摘等級 茶葉種類 茶葉走水程度 茶葉乾燥度 茶葉揉捻程度 茶葉外觀		
水	水溫	水質 ■TDS ■PH質 ■礦物質種類 ■含氧量	
器具	煮水器具 ■材質 ■熱源	泡茶器具 ■材質(銀器、鐵器、陶器、炻器、瓷器、玻璃…等) ■製法(釉藥、燒結溫度、燒製方式…等) ■壺型(圓形、方形、造型…等)	喝茶器具 ■材質(銀器、鐵器、陶器、炻器、瓷器、玻璃…等) ■製法(釉藥、燒結溫度、燒製方式…等) ■杯形(束口、翻口、圓口、廣口)
沖泡技巧	浸泡時間 注水水流 注水力道 出湯速度		

一般評鑑的萃取濃度與範圍

　　取得一支陌生的茶款時，在判斷茶葉外觀後，依照茶葉外觀用其對應的時間與溫度來沖泡。比方，台灣常見的球型烏龍茶是使用100℃、泡6分鐘，並使用「國際標準評鑑杯」3公克茶乾兌上150ml水來做標準萃取，得到茶湯1g：50ml濃度單次萃取的結果。

　　Tasting標準濃度的茶湯，藉以判斷茶款狀態，與咖啡、葡萄酒的Tasting概念一樣，得知茶款的狀況後，便可使用適當的器具與沖泡技巧來表現它。一般在茶葉競賽時，也會使用評鑑的萃取方式，在同樣器具、水溫的條件下同時萃取，就可一起比較出茶款優劣。

　　判斷來自於評鑑沖泡出的萃取範圍，以下用圖像來表示各種不同的萃取程度，或許感覺有點抽象，只要累積一些沖泡經驗，就會更好理解。

溫度、茶質與單寧的變化

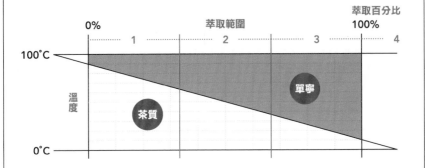

■**茶質**：包含茶多酚、氨基酸、果膠質、兒茶素，是所有甜度、香氣、滋味、滑順的來源。當溫度低時，茶質的表現較明顯；溫度高時，表現則薄弱。

■**單寧**：包含礦物質、茶單寧，是所有單寧感與尾韻的來源。當溫度低時，單寧感比較弱；溫度高時，單寧感就變得明顯。

範圍1：萃取前段大多是來自製茶工藝與保存而產生的風味。

範圍2：萃取中段大多是來自茶樹生長環境，日照，雨水而產生的風味。

範圍3：萃取後段大多是來自茶園管理、施肥狀態、土地狀態而產生的風味。

範圍4：我在測試茶款時，會刻意萃取到範圍3之後的風味，來判斷後段是否有茶鹼殘留。尤其是茶款尚未回潤完成時，是必須萃到後段才能判斷出來的。

次數與均勻度對萃取的影響
Refilling & Stability

適當萃取

茶湯香氣、滋味、尾韻,前中後結構完整的風味表現,類似Chapter1所提到的重視平衡感的口味。表示茶本身初製與精製良好,且取樣均勻,萃取的時間與溫度也控制得宜,使茶器中每一片葉子都均勻釋放。

過度萃取

茶湯風味有明顯茶梗帶出的甘寧感與茶鹼的刺激性，若在評鑑萃取下就已過萃，表示這茶本身內容物較少。茶葉取樣太細碎，或是浸泡時間與溫度沒有掌控好，茶葉內容物釋出過多，都是造成過度萃取的原因。

萃取不足

茶湯香氣、滋味、尾韻明顯低落，只萃取到前段，中後段萃取不足，整體風味結構較鬆散。表示茶款在製作工序上可能有揉捻不足，或是浸泡溫度與時間不夠，導致茶葉內容物釋出率降低。

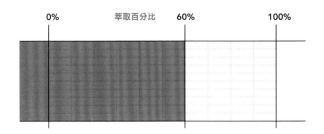

均勻萃取的重要性

　　泡茶時，會調整各種萃取條件，讓每一片茶葉釋放的速度達到一致，避免局部過萃發生，目的是為了使整體風味均勻。就像是乾煎肉排，會把肉排均勻地煎熟，煎的過程若沒有控制好火候，就可能會煎到一面太乾、一角微焦，造成口感不均勻。可以透過茶葉取樣、選擇器具與運用沖泡技巧，達到均勻的萃取。

不同次數的萃取

茶葉到底可以泡幾次？應該是每個人心中的大問號。而這個問題完全沒有正確答案，主要依照沖泡者的想法來選擇器具與投茶量，所謂「看茶泡茶」就是這個意思。以下分成單次與多次萃取。

1 單次

一次萃取出預設萃取範圍內所有物質，將茶款前中後的風味特色一起呈現。

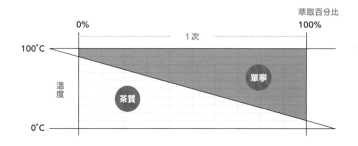

Step1：設定濃度爲1g茶乾：60ml水，此濃度可以完全表現茶款完整的風味結構。

Step2：選擇器具，使用量杯測量沖泡器具的容量，假設器具容量360ml，置茶量就是6g。

Step3：預想風味，依照茶款的評鑑風味來決定該如何調整沖泡，包含設定沖泡時間、溫度、注水技巧。

Step4：進行沖泡，包含溫壺、置茶、注水、計時。

Step5：出湯，品飲與記錄風味結構。

2 多次

分次萃取出預設萃取範圍內所有物質，以突顯前中後不同範圍的風味特色。

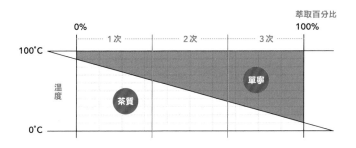

Step1：設定濃度為1g茶乾：50ml水，此濃度可以完全表現茶款完整的風味結構。

Step2：選擇器具，使用量杯測量沖泡器具的容量，假設器具容量150ml，置茶量就是3g乘以次數，此例子是三次，所以置茶量為9g。

Step3：預想風味，依照茶款的評鑑風味來決定該如何調整沖泡，設定三段浸泡時間、溫度、注水技巧。

Step4：進行沖泡，包含溫壺、置茶、注水、計時。

Step5：出湯，品飲並記錄每段的風味結構。

Make & Tasting

2

茶葉外觀對萃取的影響

Appearance

觀察茶乾外觀判斷萃取方式

茶 葉本質的部分在上個章節已有介紹,實際操作時我會先從外觀來判斷該如何萃取。依序是球型、條索型、嫩芽型、細碎型,這四種外觀接觸水的面積明顯不同,在揉捻適當的條件下,與水接觸面積越小的外觀,茶質釋放速度就越慢,浸泡時間需拉長。相對地,茶葉外觀與水接觸面積越大時,茶質釋放的速度就越快,萃取時需更小心不過度萃取。

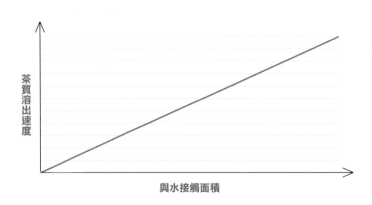

1 球型	**2** 條索型

3 嫩芽型	**4** 細碎型

玩萃取
Let's make

1

Data.
設定 ●球型、●條索型、●嫩芽型、●細碎型

1 揉捻成球型的台式烏龍茶 　**3** 嫩採芯芽製成的紅茶

2 揉捻成條索的紅茶 　**4** 嫩採芽葉製成的細碎紅茶

1 球型
100℃／6分鐘

2 條索型
95℃／5分鐘

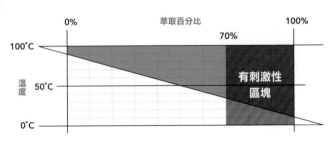

萃取百分比

0%　　　　　　　　　　　　　　100%

70%

100℃

溫度　50℃

0℃

**有刺激性
區塊**

使用茶款 玉山清香烏龍、日月潭紅茶、凱瑟頓 慕夏月光、桑格瑪 經典正夏

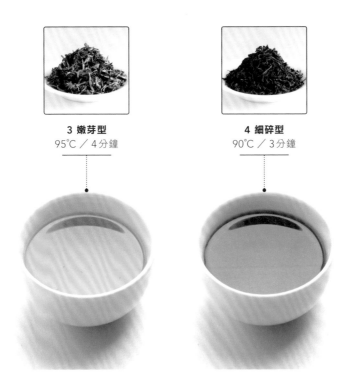

3 嫩芽型
95℃／4分鐘

4 細碎型
90℃／3分鐘

萃取分析
可以透過左頁的圖表發現到，在經過評鑑萃取後，已知茶款後段有瑕疵（橘色區塊），可能是在精製烘焙時沒有完全焙清。

解決方法
在實際沖泡時，要避免萃取到後段。可縮短浸泡時間，只萃取出前中段，雖然會有些微萃取不足，卻可避掉後段有刺激性的部分。

Make & Tasting

3

水對萃取的影響

Water

各種水質比較

古 人說「水爲茶之母」，水與茶的關係非常密切，水就像茶湯的容器，而容器本身的狀態會直接影響到茶湯風味表現。我本身對水質的要求非常高，每到外地要泡茶時，一定會確認當地水質的狀態，怕無法表現出茶該有的風味，甚至有些長輩會固定時間專程上山載泉水回來泡茶，都是爲了讓茶有最好的表現。

什麼水不適合泡茶呢？

① 水中含氧量過低，死水
② 過度煮沸的水，蒸餾水
③ 水中含鈣量過高的水，地下水

用這樣的水泡茶，除了無法表現茶該有的風味，更可能讓茶更糟糕。

水本身只要乾淨無雜味，就適合拿來泡茶，無論軟水、硬水、超硬水都可以的。水質的單位稱爲TDS，指的是水中含有的綜合物質含量，也就是說TDS越高的水，原先在水中的內容物越多；相反的，TDS越低，水中的內容物就少。之前提到水是裝載茶湯的容器，容器會滿、容量有限，能裝載的量是固定的。

　　接下來，用不同個性的茶同時來比較不同個性的水。

玩萃取
Let's make

Data.

設定 水質（●純水、●鹼性水、●礦泉水）

使用茶款 細緻型・玉山金萱紅茶・夏至

夏至是一支風味輕盈細緻的紅茶，海拔1600公尺的小葉種金萱，以輕揉捻製成的紅茶。

茶湯顏色

泰山純水
TDS：0

台鹽鹼性水
TDS：20

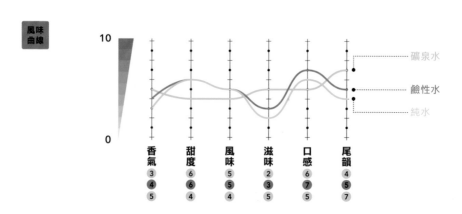

風味曲線

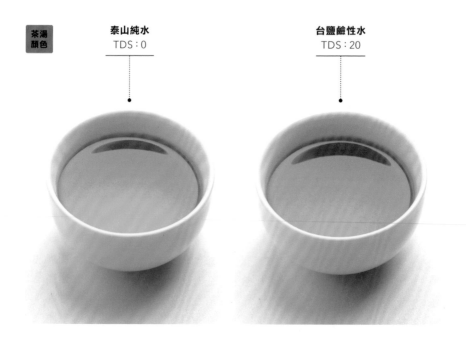

礦泉水
鹼性水
純水

	香氣	甜度	風味	滋味	口感	尾韻
	3	6	5	2	6	4
	4	6	5	3	7	5
	5	4	4	5	5	7

法國 Evian
TDS：357

萃取分析

同時比較下來，可以發現礦物質含量較低的水，其容器本身內含的物質較少，
可乘載的內容物較高，所以茶葉的溶出率很高，風味呈現接近茶原始的風味表
現。溫和細緻的茶款搭配礦物質含量高的水，風味最為平衡，同時表現了茶款
的細緻與水之結構渾厚的個性。皆溫和細緻的水與茶搭配在一起時，更凸顯茶
款細緻的風味特色，但是中段的滋味與尾韻顯得稍微單薄。

玩萃取
Let's make

Data.
設定 水質（●純水、●鹼性水、●礦泉水）
使用茶款 厚重型・蜜境

蜜境是一飽滿的蜜香烏龍，海拔2100公尺的青心烏龍，以重萎凋重發酵製成的球型烏龍茶。

茶湯顏色

泰山純水
TDS：0

台鹽鹼性水
TDS：20

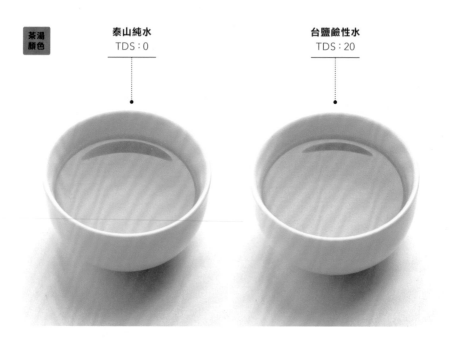

風味曲線

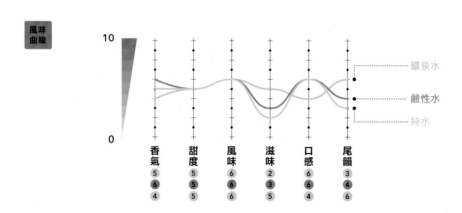

10

0

香氣	甜度	風味	滋味	口感	尾韻
5	5	6	2	6	3
6	5	6	3	6	4
4	5	6	5	4	6

礦泉水
鹼性水
純水

法國 Evian
TDS：357

萃取分析

TDS 高的水，水原先裝載的物質高，使得茶葉能溶出的量很有限，茶湯同時展現
水與茶的個性。個性厚重的茶款配上風格強烈的水，表現出強烈的滋味與尾韻，
但香甜細緻部份的風味幾乎無法呈現。厚重的茶款配上細緻的水，平衡了茶款原
先的強烈個性，而能表現出茶款前段香甜細緻的風味。

我個人喜愛使用TDS極低的水來萃取，尤其是專注在茶湯風味的場合中，才能完整地表現茶原先的風貌，降低水對風味的影響，利用溫度與沖泡技巧來做到風味的平衡。水絕對是需要重視的一環，不想大費周章上山去載山泉水也沒關係，可以利用濾水設備的調整來達到想要的水質，讓風味有好的呈現。

煮水器具與熱源對水質的影響

　　想要讓茶湯風味更好，卻又無法改變水源，可運用煮水器具與熱源來改善水質。煮水器具對水質的影響主要在於材質的差異，不同材質會改變水質，有好的也有壞的。現代常見的煮水器具幾乎都是不鏽鋼的電熱壺，對水質沒有太大影響，使用起來方便。想讓水質更好，可起炭煮水，能讓水質更細緻，並運用煮水器具調整水質，使用老鐵壺可增加水中礦物質，增加水的厚度與重量感。使用銀壺，能讓水質更軟更細緻，或者使用鍛泥壺煮水，提升水的圓潤度。

1 老鐵壺會增加水中礦物質，增加水的厚度與重量感。
2 用鍛泥壺煮水，可提升水的圓潤度。

177

不同水溫比較

　　水溫必然是影響萃取的關鍵，而器具的材質、泡茶技巧都會讓溫度有變化。就單單看溫度這點，溫度越高，單位時間萃取率就越高，茶葉釋放的程度也越完整，香氣也才能完整呈現。

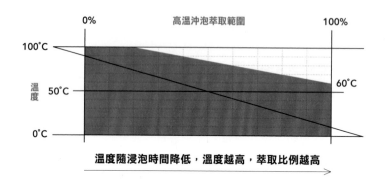

溫度隨浸泡時間降低，溫度越高，萃取比例越高

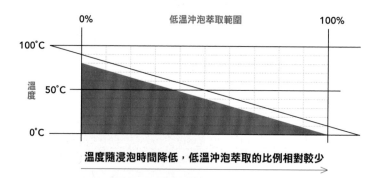

溫度隨浸泡時間降低，低溫沖泡萃取的比例相對較少

什麼溫度的茶湯最好喝呢？

什麼溫度的茶湯最好喝呢？其實，什麼溫度都好喝。高溫時，能表現茶葉最外圍揮發性高的風味；中溫時，表現生長過程中的風味；低溫時，表現茶園管理的風味。還有，中低溫時可以明顯判斷茶的苦與澀，像在評鑑茶湯時，一般會等茶湯溫度降低至 50°C 左右再喝，能更清楚判斷茶葉的狀態。

溫度會影響萃取範圍，左圖代表溫度的橘色區塊是一般浸泡的萃取方式；溫度會隨時間慢慢降低，浸泡到尾段時若沒有加溫，單寧的釋出是有限的。尤其是揉捻成球型的台式烏龍茶，更需要高溫沖泡，茶葉才能完全舒展。

　　當然，並不是所有茶款都要高溫，單寧感厚重或鮮爽細緻的茶款就不能使用高溫，例如：煎茶、抹茶、頂級莊園紅茶、紅玉。需改用低溫把清甜細緻的部分萃取出來，避免萃取過多的茶單寧。還有，冷泡茶也是利用這樣的方式，透過低溫萃取，完整保留茶質部分的細緻。

　　接下來，分別用不同種類個性的兩款茶，器具使用同樣條件的評鑑杯，皆以三種實驗溫度來萃取。

玩萃取
Let's make 4

Data.

設定 溫度(●100℃、●90℃、●80℃)
均浸泡6分鐘

使用茶款 球型台式烏龍茶·若芽

小葉種青心烏龍茶樹種植在海拔1600公尺西北向的山面,有著寒冷的北風與陽光慢射,在冬季採收成熟的一芯三葉,是表現滑順細緻的高山烏龍。

溫度

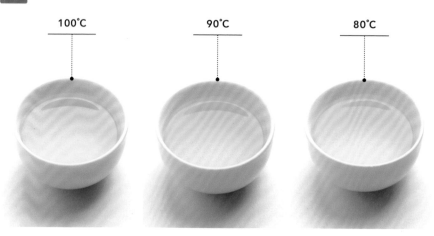

| 100℃ | 90℃ | 80℃ |

泡完
葉底

萃取球型烏龍茶時,溫度會直接影響茶葉展開的程度,直接對應到茶葉內容物釋出比例。

風味
曲線

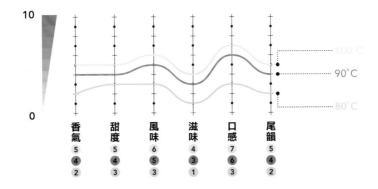

	香氣	甜度	風味	滋味	口感	尾韻
	5	5	6	4	7	5
	4	4	5	3	6	4
	2	3	3	1	3	2

100°C

90°C

80°C

10

0

萃取分析

同時比較之下,可發現揉捻成球狀的台式烏龍茶,需要高溫才能把風味展現得
完整;溫度低於95°C以下時,就需要更久的時間,才能讓茶葉均勻展開並釋放
風味。

Chapter 3　找出喜愛的風味!茶湯萃取實驗室

玩萃取
Let's make

Data.

設定 溫度（●95℃、●85℃、●75℃）
均浸泡 3 分鐘

使用茶款 嫩芽型紅茶‧凱瑟頓幕夏月光

有著夏茶之王的美名，使用海拔 1800 公尺種植在礫石土壤的樹種，完整手工嫩採芯芽，
輕揉捻製成的細緻紅茶。

溫度

95℃	85℃	75℃

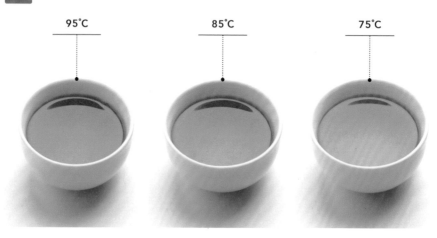

泡完葉底

萃取嫩芽型紅茶時，溫度會直接影響茶葉展開的程度，直接對應到茶葉內容物釋出比例。

風味
曲線

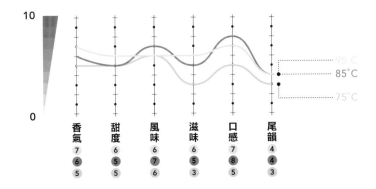

	10						95°C
							85°C
	0						75°C

香氣	甜度	風味	滋味	口感	尾韻
7	6	6	6	7	4
6	5	7	5	8	4
5	5	6	3	5	3

萃取分析

外觀條索狀的茶款，大多是為了表現輕盈細緻的風味，用高溫萃取反而會讓細
緻的風味難以呈現 。大約85℃左右萃取最適合細緻型的茶款風味，而75℃的
萃取又稍微不足，風味結構相較起來偏鬆散。

關於冷泡的萃取

日常運用冷泡茶的方式：
使用常溫水降低萃取比例，避免萃取太多單寧，表現大部分前段香氣與滋味的部分。技巧簡單，在日常生活中也可以輕鬆喝到純淨的風味。

製作冷泡茶需特別注意水質，因為需要長時間的低溫萃取，建議使用乾淨且經過煮沸或消毒的水，與乾燥發酵程度都足夠的茶款，才能讓冷泡茶穩定且不易變質。

1 簡單輕鬆一般泡
使用市售冷泡專用瓶或寶特瓶就可輕鬆製作健康無負擔的冷泡茶

Step1
準備好3g裝的立體茶包以及600ml的瓶裝水。

Step2
打開包裝，把茶包棉繩吊牌拆掉，投入瓶裝水內，在常溫下靜置2小時。

Step3
置於冷藏8-12小時，即可享用。

2 風味好的講究泡
精準的濃度比例搭上適合水質，使用低溫冷萃，讓茶葉有如頂級葡萄酒一樣的極致風味表現。

Step1
設定茶湯濃度為1g：100ml，或是1g：150ml，依照茶款與個人口味決定。

Step2
備好乾淨的水，輕柔地倒入容器內，盡量避免帶入過多的空氣。

Step3
投入對應的茶葉量，在常溫下靜置2小時，讓茶葉充分舒展。

Step4
置於冰箱冷藏8-12小時，飲用前先備好濾網，將茶葉濾出，好讓茶湯濃度不會再增加。

茶葉經過冷萃後的香氣
細緻，風味乾淨俐落，
使用聚香透明的高腳杯
品飲再適合不過了。

泡茶器具對萃取的影響
Tea Pot & Gaiwan

利用器具微調溫度

熟 　悉溫度對萃取的影響之後，可以了解到沖泡沒有絕對的溫度，泡茶者需判斷茶款的狀態，依照自己的萃取理念來決定如何調整溫度，以呈現出最終想傳達的風味。而器具是微調溫度的工具，利用各種不同材質的特性，來做到聚熱、散熱、凝香、修飾，便可萃取出預想茶湯的風味。

　　首先，必須理解器具與溫度的關係，有三個主要的因素會影響溫度：容量、外觀形狀與土胎材質。

容量

主要影響溫度,容量越大,溫度下降慢,聚熱效果好;容量越小,溫度掉得快。東方常見的泡茶器具容量都落在80-200ml,適合多次萃取使用,進而衍生出「功夫泡」。

西方常見的器具容量落在250-600ml,適合單次萃取。使用大壺多次萃取時,溫度、時間、製茶量都需要下修,避免溫度過高造成過萃。

外觀形狀

主要影響整體溫度的均勻度,想必很多人一定會好奇,為何大部分的壺都是接近圓形的,因為圓形器具在每個部位的溫度差距較小,能進而達到均勻的萃取程度。造型特殊的器具,例如長方形、三角形的茶壺,因為溫度不均勻,則容易造成局部過萃。

土胎材質

主要影響保溫效果，保溫效果越好，在單位時間內的萃取的物質越多；相反的，溫度下降越快，單位時間內萃取的物質較少。燒結溫度、土胎材質與土胎厚度直接影響到保溫效果。大略有厚胎紫砂、薄胎朱泥、上釉瓷土這三種，接下來也要用這三種材質來萃取兩款不同的茶。

■厚胎毛細孔大——
保溫效果好，像是穿棉襖般
保暖，滋味單寧萃取度高。

■薄胎毛細孔小──
稍有保溫效果，像是棉質衣
物舒服透氣，香氣滋味能平
衡呈現。

■瓷器無毛細孔──
上釉的瓷器完全無毛細孔，
瓷土能薄如紙，散熱效果好，
能完整呈現茶款香氣。

玩萃取
Let's make

Data.

設定 ●瓷器蓋杯、●朱泥壺、●紫砂壺
均為150ml

使用茶款 細緻型・東方美人

傳統東方美人新竹縣峨眉鄉茶區，嫩採青心大冇一芯二葉，被小綠葉蟬充分叮咬，堅持用傳統工藝來製作，整體風味細緻平衡。

茶湯

瓷器蓋杯　　　　　朱泥壺　　　　　紫砂壺

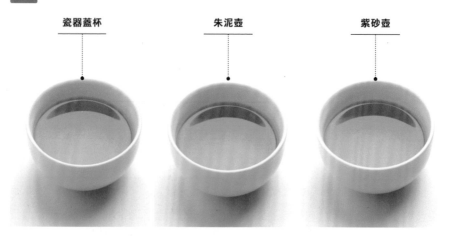

泡完葉底

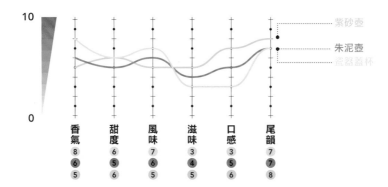

	香氣	甜度	風味	滋味	口感	尾韻
紫砂壺	8	6	7	3	3	7
朱泥壺	6	5	6	4	5	7
瓷器蓋杯	5	6	5	5	6	8

Data.
設定　●瓷器蓋杯、●朱泥壺、●紫砂壺
　　　均為150ml
使用茶款　凍頂烏龍

南投縣鹿谷鄉海拔約800公尺青心烏龍茶樹，採摘成熟的一芯三葉，以近代烏龍茶的方式製作，再經焙火至四分，整體風味結構厚重。

茶湯

瓷器蓋杯	朱泥壺	紫砂壺

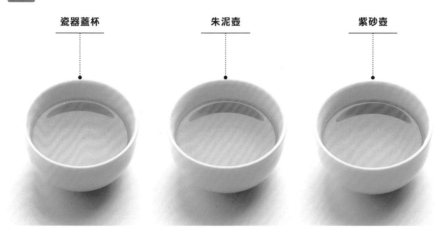

**泡完
葉底**

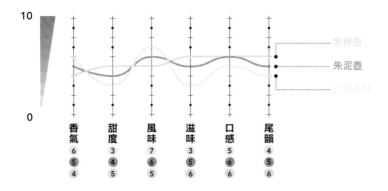

10

0

香氣	甜度	風味	滋味	口感	尾韻
6	3	7	3	5	4
5	4	6	5	6	5
4	5	5	6	6	6

紫砂壺
朱泥壺
瓷器蓋杯

萃取分析

同時比較東方美人與凍頂烏龍的結果，瓷器對於香氣與細緻度表現最好，朱泥壺對於香氣與滋味的表現都不錯，但少了一些細緻度，而紫砂壺的口感圓潤度與尾韻表現很好。重視香氣與細緻度的東方美人，用瓷器沖泡能表現出更立體奔放的風味層次；而凍頂烏龍在紫砂壺的表現下，把尾韻萃取得更醇厚飽滿，至於朱泥壺剛好是平衡的萃取。泡茶器具的選擇沒有絕對，依循著心中的萃取理念來選擇就可以。

此外，每位泡茶者重視的點都不一樣，有的注重整體茶席的美觀，喜愛使用陶藝家的作品。有的使用茶碗，可以看到茶葉的舒展過程。而我個人重視風味的平衡感，在器具的選擇上，喜愛使用早期宜興官廠所生產的標準壺，或早期景德生產與法國麗固的瓷器蓋杯，讓茶湯表現極致的風味。基本上，不用刻意侷限器具，只要自己得心應手都是好器具。

5

沖泡技巧對風味的影響
Skill

沖泡時的注意

運 用沖泡技巧,可以潤飾並調整茶湯風味。沖泡技巧指的是泡茶者需熟悉茶葉的狀態、泡茶器具、萃取時間與水流控制,綜合各種因素進而達到均勻的萃取,呈現最美好的風味。就像廚師需熟悉食材、鍋具、火候,並用手藝完成一道好料理。熟悉了茶葉、水、溫度與器具對萃取的關係後,再來就是實際的沖泡了。

溫壺預熱

任何沖泡動作之前，一定得先溫壺，讓壺身的溫度提高，讓沖泡時的溫度能在預設的溫度。若疏忽了溫壺的動作，會讓溫度不夠，萃取就不完全了。

溫潤泡

溫壺後，先用少許的熱水，快速浸泡到所有茶葉，再將水倒掉。用意是先讓茶葉內外的溫度達到一致，在後續沖泡時得以均勻釋放。就像手沖咖啡時，會先用少許的水做浸潤與悶蒸來達到相同目的。溫潤泡同時也能達到微醒茶的作用，讓還沒回潤完成的茶，降低躁感與火氣。

實際萃取之前，得先認識沖泡這件事，分成「沖」跟「泡」兩個不同概念。

沖

利用水流力道讓茶葉均勻地翻動，翻攪越大力則釋出越多。所有「沖」的動作都是爲了讓茶葉均勻地釋放，視茶葉外觀來決定翻攪的力道。想像一下，煎肉時需要時常翻面，才能均勻熟透且不會焦掉，厚度大小不同的肉，其翻動的時間就不一樣。注水沖泡的動作中，水溫一定會有差距，不同的茶款就可運用水流來做到微調與修飾。

泡

運用時間讓茶葉內的物質慢慢釋出。細緻型與細碎型的茶款適合運用泡的方式萃取，沒有經過沖的翻攪，釋出的速度較慢但相對均勻，有點類似用電鍋蒸熟料理，越均勻的熱源能慢慢讓食材熟透。在泡的過程中，水溫會持續下降，可以靠調整時間來達到預設的茶湯風味。

建議使用大約1500ml左右、壺嘴長且高，但出水不要太細口的壺。這樣容量的壺，拿起來雖然稍重，但出水穩定，水流變化多，且保溫效果好。

1 高沖
壺嘴離茶壺高約15公分

大水柱——適合用於需要高溫萃取的球型烏龍茶，高沖稍微繞圈，利用高沖水柱的力道，讓茶葉在壺裡充分地打轉，以利均勻受熱。使用大水柱是爲了讓溫度不會因爲接觸空氣過多而降低太多，同時也能帶入一些空氣，讓茶湯的香氣更亮麗。

197

小水柱——適合用於需要較低溫度的條索型茶款，高沖並均勻地打濕每一片茶葉，水柱的力道能讓茶葉翻攪，打入水中時也帶入空氣，同時讓茶葉均勻地釋放。小水柱在接觸空氣時同時也慢慢降溫，讓條索狀的茶款不會因為高溫而失去細緻度。

2 一般高度注水
壺嘴離壺約 8 公分高

中水柱——適合泡評鑑杯的萃取方式，水溫不會落差太多，翻攪力道適中。注水時可稍微繞圈，讓水流均勻地沖到每一片茶葉。

3 柔沖
壺嘴幾乎貼著茶壺沖茶

大水柱——適合多次萃取時，茶葉已經舒展開的狀態，讓水流快速流進壺裡，避免直接讓水流沖到茶葉上，以減少壺身上下部位局部過萃的機會。想像一下進行柔沖時，茶壺上緣的葉子會持續的被熱水流過，而下緣的葉子最先浸泡到熱水，中心浸泡的時間最短。進行柔沖時，需迅速完成且迅速出湯。

小水柱──適合細碎型的茶葉，太細碎的嫩芽、葉子不適合過度翻攪。這樣外觀的茶葉一旦被力道強的水流沖到，就會非常翻滾，而通常很激烈地翻滾的茶葉，會是過萃的風味。請改用最輕柔的水柱，讓水輕輕地沿著壺身杯壁，慢慢地淹過茶葉，避免水流直接翻攪到茶葉，這樣就能避免過萃。

實際沖泡時，每種沖法幾乎都會用到。在沖泡條索狀的茶款時，通常我習慣一開始注水先高沖，讓茶葉翻動並且帶空氣進入水裡，水淹過茶葉之後再轉換一般注水，均勻地翻動茶葉，到七分滿時換成柔沖。回到「看茶泡茶」這個觀念，依照茶葉狀態與心中的萃取理念，熟悉這些技巧，就可以把茶湯表現得更爲極致。

出湯的速度

對單次萃取影響不大，順順地出完湯即可。但對多次萃取就需要特別注意，每次出湯都一定要確認茶湯有確實倒完，確認壺口的茶湯變成一秒一滴時，才算是有完整倒乾淨。若沒倒乾淨，殘留在器具中的茶湯，會繼續使底部茶葉持續釋出，造成局部過萃的情況。

Make & Tasting

6

喝茶器具也會影響風味
Teacup

不同杯型與就口感受

到 了最後來享受茶湯吧！茶杯的材質一樣會對風味有顯著的影響，材質的影響與泡茶器具幾乎相同，而茶湯每經過一個器具就會減少一些風味，因此喝茶時，盡量避免讓茶湯經過太多器具。結構完整的茶湯會吸附在杯壁，喝完茶之後聞聞杯子，會發現迷人的杯底香，我自己偏好使用白色瓷器，可清楚看見茶湯顏色，並且保留茶湯風味的完整性。

不同器型的就口部位與感受皆有不同，認識一下器型對風味的影響：

束口杯

讓茶湯最先接觸到舌尖，可凸顯甜度與集中的滋味，直筒束口的器型讓杯底香更凝聚，也可當作聞香杯使用。

翻口杯

翻口的器形讓茶湯同時接觸舌尖、舌側，甜感與酸感同時進到口腔，細長的杯身讓滋味與香氣集中，適合表現香氣細緻型的茶款。

圓口杯

平時品鑑時，我喜愛使用圓口杯，接觸口腔的面積廣，整體風味的感受平衡。咖啡的Expresso杯也是相同的設計概念。

廣口杯

接觸口腔面積最大的器形，能突顯風味的圓潤滑順，我喜愛在獨享的時候使用。

圖中由左而右分別是：束口杯、翻口杯、廣口杯。

用馬克杯也能沖泡出一杯好茶

用以上杯型可以感受茶的不同風味，但如果你平時工作忙碌、真的沒時間泡茶，其實，用隨手可得的馬克杯就可以簡單泡出一杯無負擔的茶款。

Step1 準備容器

一般馬克杯容量大約 250-300ml，為避免茶湯過度浸泡而讓濃度太高不好入口，置茶量大約抓在 1g 茶乾：100ml 水，也就是一個 300ml 的馬克杯置茶量為 3g 即可。

Step2 注水

辦公室裡設置的大多是飲水機，熱水溫度約落在 93-95℃ 左右，直接使用飲水機的熱水沖泡即可，因為置茶量不多，不用擔心會濃度過高。

Step3 等待

等待浸泡 5 分鐘後，此時茶湯溫度大約降低至 60-70℃，此時是就口的恰好溫度，飲用時，稍用牙齒擋住茶葉即可。

Tasting Note

茶款 Tasting Notes

01 南投清香烏龍 · 不知春

風味結構
前段：茉莉花、花粉甜
中段：青蘋果
尾段：萊姆皮

茶款資訊
產地：南投縣名間鄉
海拔：400公尺
產季：2018.02
品種：四季春
初製：台式烏龍茶
精製：極淺焙

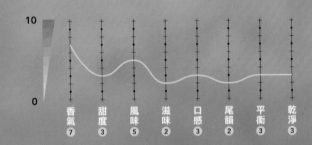

香氣	甜度	風味	滋味	口感	尾韻	平衡	乾淨
7	3	5	2	3	2	3	3

小葉種四季春茶樹與充足的日照，造就了清昂茉莉花的奔放香氣。在剛入春的寒冷季節，採收成熟一芯二葉，表現出滑順軟甜的口感。約30％發酵程度的台式烏龍茶作法，帶出青澀水果的風味。本身以前段香氣為主的茶款，整體平衡感較低。每一道工序都做得完整，但可惜施肥條件無法完美，乾淨度略低。

02 玉山清香烏龍・若芽

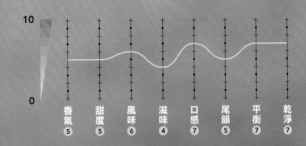

風味結構	前段：甘蔗甜、糖霜甜
	中段：小白花、細緻花粉、香吉士
	尾段：花蕊、萊姆皮

香氣	甜度	風味	滋味	口感	尾韻	平衡	乾淨
5	5	6	4	7	5	7	7

茶款資訊	產地：南投縣信義鄉
	海拔：1600公尺
	產季：2017.10
	品種：青心烏龍
	初製：台式烏龍茶
	精製：淺焙

Chapter 6　茶款 Tasting Notes

小葉種青心烏龍茶樹種植在西北向的山面，寒冷的北風與陽光慢射，造就出細緻滑順的風味結構。在冬季採收成熟的一芯三葉，表現出滑順細緻的口感。初製走水確實發酵均勻，後段精緻已淺焙補足滋味稍微薄弱的部分，讓整體風味表現一致、平衡感佳。工序完整加上土地永續出發的耕作方式，乾淨度高。

03 文山包種

風味結構

前段：花粉甜
中段：桂花甜、青澀蘋果肉
尾段：青蘋果皮

茶款資訊

產地：新北市坪林區
海拔：400公尺
產季：2018.4
品種：青心柑仔
初製：包種茶
精製：極淺焙

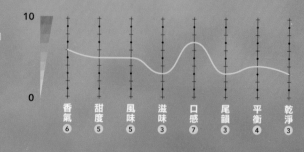

	香氣	甜度	風味	滋味	口感	尾韻	平衡	乾淨
	6	5	5	3	7	3	4	3

小葉種的青心甘仔種植在水氣高的坪林地區，有著雲霧繚繞漫射的陽光。在春季採摘成熟的一芯二葉，以輕揉捻製成條索狀的文山包種，表現出滑順細緻的口感。初製走水確實，發酵程度均勻約15%，表現出多層次花香，平衡感中等。乾燥度與耕作方式較難做得完整，乾淨度略低。

04 梨山蜜香烏龍

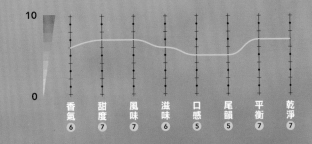

風味結構	前段：花粉、花蜜
	中段：荔枝乾、龍眼果肉
	尾段：梨子皮、蘋果皮

茶款資訊	產地：台中縣和平鄉
	海拔：2100公尺
	產季：2016.12
	品種：青心烏龍
	初製：台式烏龍茶
	精製：極淺焙

香氣	甜度	風味	滋味	口感	尾韻	平衡	乾淨
6	7	7	6	5	5	7	7

2016年是暖冬，原本已經休耕中的茶園茶樹被小綠葉蟬充分叮咬，茶菁破損程度高，採摘成熟的一芯三葉，以重萎凋、重發酵約60％製作成球型烏龍茶，風味熟果香、花蜜層次分明。海拔2100公尺的梨山茶區，其日夜溫差大，讓蜜香變得優雅內斂，與東方美人相較起來，更像是氣質美人。

05 凍頂烏龍

風味結構
前段：焦糖
中段：成熟含笑花香、
　　　紅蘋果肉
尾段：柚子皮

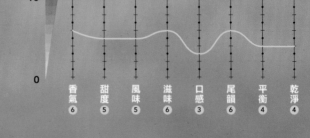

	香氣	甜度	風味	滋味	口感	尾韻	平衡	乾淨
	6	5	5	6	3	6	4	4

茶款資訊
產地：南投縣鹿谷鄉
海拔：800公尺
產季：2017.10
品種：青心烏龍
初製：台式烏龍茶
精製：中焙

在南投縣鹿谷鄉海拔約800公尺的青心烏龍茶樹，陽光直射慢射平均，採摘成熟的一芯三葉，整體醣類含量高，以近代烏龍茶的方式製作，發酵程度約20％，帶有亮麗花香，再經焙火至四分，讓風味結構更厚重，中度焙火也是凍頂茶區獨特的製茶工藝。

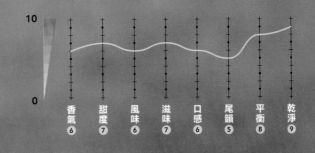

06 玉山熟香烏龍‧白露

風味結構	
前段	焦糖、黃花
中段	紅肉李子、龍眼乾
尾段	龍眼木、細緻柚木

茶款資訊	
產地	南投縣信義鄉
海拔	1600公尺
產季	2017.10
品種	金萱
初製	台式烏龍茶
精製	中重焙

香氣	甜度	風味	滋味	口感	尾韻	平衡	乾淨
6	7	6	7	6	5	8	9

Chapter 4 茶款Tasting Notes

位於信義鄉海拔1500公尺，採用自然農法的金萱茶園，茶樹本身的生命力健壯，使用傳統作菁方式，經過長時間靜置與發酵。毛茶條件很好，發酵程度約50％接近紅肉李的香氣，金萱品種特有的滑順果膠賦予了滑順像絲綢般的口感。由於自然農法耕作的關係，葉子本身較纖維化，以多層次溫火慢焙，做出近紅水烏龍的風味表現。

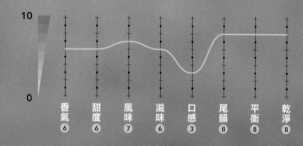

[Tasting Note]

07 2008傳統紅水烏龍

風味結構
前段：熟成桂花蜜
中段：檀木、紅棗、甘草
尾段：細緻沉香

茶款資訊
產地：南投縣鹿谷鄉
海拔：800公尺
產季：2008.5
品種：青心烏龍
初製：台式烏龍茶
精製：中重焙

	香氣	甜度	風味	滋味	口感	尾韻	平衡	乾淨
	6	6	7	6	3	8	8	8

傳統凍頂陳老師傅以龍眼炭焙製的紅水烏龍，原料使用鹿谷鄉成熟採摘青心烏龍，
走水確實發酵完整，茶乾顏色均勻緊結橙褐色，風味表現極度乾淨，前段龍眼木香
中帶有輕盈的焦糖甜感，中段檀木香轉紅棗，尾韻像沁涼甘草，茶湯口感涓綢立
體，滋味厚實飽滿，尾韻水沉與檀香在口中繚繞。

08 新竹峨眉東方美人

風味結構
前段：熟成花蜜、花粉
中段：瓜果酸甜、玫瑰花
尾段：瓜果甜

茶款資訊
產地：新竹縣峨眉鄉
海拔：300公尺
產季：2017.7
品種：青心大冇
初製：東方美人
精製：乾燥挑選

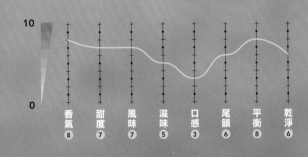

	香氣	甜度	風味	滋味	口感	尾韻	平衡	乾淨
	8	7	7	5	3	6	8	6

來自傳統東方美人新竹縣峨眉鄉茶區，一位年過80的老師傅，嫩採青心大冇一芯二葉，被小綠葉蟬充分叮咬，堅持用傳統工藝來製作，每年產量有限，每年風味都讓我感動。與現代東方美人重視前段香氣的製法不大一樣，老師傅重視平衡感，也是我喜愛的風味結構。

[Tasting Note]

09 玉山金萱紅茶・夏至

風味結構
前段：紅糖、花蜜甜
中段：枸杞、桂圓
尾段：紅棗皮

茶款資訊
產地：南投縣信義鄉
海拔：1600公尺
產季：2017.6
品種：金萱
初製：紅茶
精製：乾燥挑選

香氣	甜度	風味	滋味	口感	尾韻	平衡	乾淨
6	7	6	3	6	5	6	9

位於信義鄉海拔1600公尺金萱品種茶園，使用有機農法耕作，周圍都是原始森林，完全無汙染，健康的土地提高茶樹本身的生命力及抗病蟲害能力。採嫩成熟的一芯一葉，經過長時間重萎凋並輕揉捻的方式製作成紅茶，茶款表現是乾淨滑順的風味。

10 日月潭紅茶・紅玉

風味結構
前段：花蜜
中段：玫瑰花、薄荷葉
尾段：肉桂甜

茶款資訊
產地：南投縣魚池鄉
海拔：800公尺
產季：2017.7
品種：紅玉
初製：紅茶
精製：乾燥挑選

香氣	甜度	風味	滋味	口感	尾韻	平衡	乾淨
6	5	3	6	2	8	4	7

Chapter 4 ■■■ 茶款 Tasting Notes

位於南投縣魚池鄉的海拔800公尺純淨茶園，大葉種的台茶18號「紅玉」本身品種風味厚實、個性鮮明。用照顧樹木的理念，讓茶樹的根部紮穩紮深，土壤與根部健康，茶樹就會健康，抗病蟲害的能力自然就提高。使用輕揉捻的方式來製作，表現出平衡又細緻的風味。

11 民國73年陳年烏龍

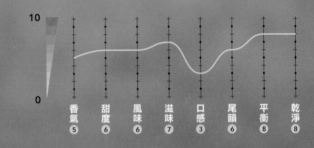

風味結構

前段：太妃糖、紅棗
中段：話梅、檀木
尾段：檀香、人參

茶款資訊

產地：南投縣名間鄉
海拔：400公尺
產季：1984.5
品種：武夷
初製：半球型烏龍茶
精製：中焙

| | 香氣 ⑤ | 甜度 ⑥ | 風味 ⑥ | 滋味 ⑦ | 口感 ③ | 尾韻 ⑥ | 平衡 ⑧ | 乾淨 ⑧ |

早期在南投縣名間鄉種植的武夷種，本身品種特性是茶質厚重，加上名間地區日照充足，風味結構更加厚實飽滿。於民國73年，以早期中度發酵半球形的揉捻方式，精製是中度烘焙，這樣製成的茶款非常適合存放。經過34年之久的良好保存，厚重茶質與單寧轉化得更溫和了。

12 六龜藤枝山野生山茶

風味結構
前段：冬瓜糖、野生花蜜
中段：冰糖燉水梨
尾段：熟香瓜

茶款資訊
產地：高雄縣六龜
海拔：700公尺
產季：2018.5
品種：原生種
初製：白茶
精製：乾燥

香氣	甜度	風味	滋味	口感	尾韻	平衡	乾淨
7	8	7	5	3	6	8	10

10
0

Chapter 4 茶款 Tasting Notes

高雄六龜原始山林中的原生種茶樹，真正屬於台灣又純淨的茶，樹群年齡約兩百年，製作成重發酵白茶。山茶的製作是需要精準掌握每個細節，從採摘製作到萎凋都要做到滿，才能將茶性做到溫和。入口感覺非常舒服，除了風味感受之外，有如走進台灣山林裡，看著陽光灑在樹葉上，清涼微風帶著森林氣息，彷彿置身於山林之中，是溫暖舒服的畫面。

13 宇治田原の里・煎茶

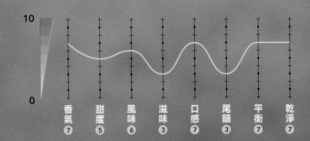

風味結構
前段：甘蔗、小白花
中段：愛玉、青梅
尾段：青檸檬皮

茶款資訊
產地：宇治田原町
海拔：400公尺
產季：2017.4
品種：やぶきた
初製：煎茶
精製：乾燥挑選

	10							
	香氣	甜度	風味	滋味	口感	尾韻	平衡	乾淨
	7	5	6	3	7	3	7	7

位於京都宇治田原町高緯度茶區，北邊有最大的內陸湖琵琶湖，平衡了田原町的乾冷氣候。使用日照充足的茶園，嫩採一年當中最好的初摘，走水萎凋完成後，使用淺蒸的方式保留茶款原先細緻滑順的口感。沖泡溫度 90-75℃，每個溫度萃取都有特色，冷水萃取也非常適合。

14 宇治玉露

風味結構
前段:小白花、芭樂皮
中段:青甘蔗甜、百合
尾段:百合花瓣

茶款資訊
產地:宇治田原町
海拔:400公尺
產季:2017.4
品種:やぶきた
初製:玉露
精製:乾燥挑選

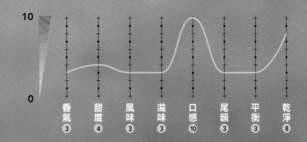

	香氣	甜度	風味	滋味	口感	尾韻	平衡	乾淨
	③	④	③	③	⑩	③	③	⑧

同樣是京都宇治田原町的茶款,玉露是更強調細緻滑順而從煎茶衍伸出的製茶方式。在採摘前30天會將茶園覆網,降低直接日照,使茶單寧感降低,增加茶葉的果膠質,再以更輕柔的製茶工藝將玉露綿密膠稠的風味表現到最好。

15 宇治焙茶

風味結構	前段：紅糖
	中段：米香
	尾段：茶感

茶款資訊	產地：宇治和束町
	海拔：600公尺
	產季：2017.8
	品種：Mix
	初製：煎茶梗
	精製：鑄鐵鍋

香氣 7	甜度 5	風味 2	滋味 2	口感 1	尾韻 6	平衡 3	乾淨 4

焙茶是用相近批次的煎茶所篩選下來的茶梗、過熟葉，再以鑄鐵鍋高溫炒至焦糖化的茶款。本身醣類與硬纖維單寧高，氨基酸與軟纖維單寧含量極低，屬於重視香氣與回甘的入門茶款。

16 馬頭岩肉桂

風味結構

前段：太妃糖、桃子
中段：熟成水果
尾段：蜜桃、礦物質

茶款資訊

產地：福建省武夷山
產季：2017.5
品種：肉桂
初製：水仙
精製：中重焙

10							
0							
香氣	甜度	風味	滋味	口感	尾韻	平衡	乾淨
7	6	7	7	1	6	6	7

Chapter 4 ▪▪▪▪ 茶款 Tasting Notes

2017 年夏天，在北京朋友會所裡取得的頂級馬頭岩肉桂，整體風味極致且乾淨，價格不菲。以肉桂的樹種，生長在高礦物質含量的岩石上，採摘成熟葉以中度發酵中重焙火的方式製作，屬於重視滋味與尾韻表現的茶款。

17 鳳凰單欉宋種

風味結構
前段：白桃、玫瑰花
中段：豔麗花香、細緻水蜜桃果肉
尾段：荔枝、細緻木質

茶款資訊
產地：廣東鳳凰山
產季：約2006
品種：單欉
初製：水仙
精製：中重焙

香氣	甜度	風味	滋味	口感	尾韻	平衡	乾淨
8	6	7	7	1	6	7	9

與肉桂相同，有幸在北京取得的稀有頂級鳳凰單欉，讓我對鳳凰單欉有了新的視野，很難得能喝到風味極致且純淨的岩茶。採摘成熟葉，以中度發酵中重焙火的方式製作，茶湯中可清楚感受到百年茶樹沉穩、綿長、優雅、厚實的風味特色，是讓人一生難忘的風味。

18 大吉嶺塔桑莊園喜馬拉雅·謎境夏摘

風味結構
前段：黑醋栗果醬、濃郁花粉
中段：花蜜、麝香葡萄果肉
尾段：蛋蕉、荔枝

茶款資訊
產地：印度大吉嶺
產季：2016 夏天
品種：P312
初製：紅茶
精製：挑選乾燥

10

0

香氣	甜度	風味	滋味	口感	尾韻	平衡	乾淨
7	8	8	5	5	6	7	10

Chapter 4　茶款 Tasting Notes

塔桑莊園有著優質的茶園管理，以及專業細緻的製茶工藝成就單一樹種的極致純淨
風味，莊園主人使用海拔 2400 公尺、向北山面 P312 樹種，嫩採頂上芯芽，輕揉捻
中度發酵，做出有如在迷霧中看見喜馬拉雅山壯麗美景的風味。

19 大吉嶺爾利亞莊園 · 鑽石夏摘

風味結構

前段：花香、濃郁花粉
中段：花蜜甜、麝香葡萄果肉
尾段：核桃、熟成葡萄皮

茶款資訊

產地：印度大吉嶺
產季：2016夏天
品種：AV2
初製：紅茶
精製：挑選乾燥

香氣	甜度	風味	滋味	口感	尾韻	平衡	乾淨
6	7	8	7	3	7	5	10

頂級茶款都以寶石命名的爾利亞莊園，頂級茶款為「紅寶石」，再由紅寶石中精選純淨細緻的極致茶款為「鑽石」，年產量稀少珍貴只有10公斤。特選向南面海拔1600公尺山凹的茶區，土壤多為礫石，礦物質含量高，成就獨特的核桃果韻味。

20 大吉嶺圖爾波莊園・月光春摘

風味結構	前段：白糖糖霜、細緻花粉
	中段：麝香葡萄果肉、清爽金桔
	尾段：細緻柑橘皮、熟成葡萄皮

10

0

香氣	甜度	風味	滋味	口感	尾韻	平衡	乾淨
4	7	8	3	10	4	6	10

茶款資訊	產地：印度大吉嶺
	產季：2018 春
	品種：AV2
	初製：紅茶
	精製：挑選乾燥

Chapter 4 ▪▪▪ 茶款 Tasting Notes

圖爾波月光粉粉甜甜、輕柔細緻的風味，就像月光晶瑩地灑在茶樹上。茶園海拔
1600公尺向北面的緩坡，土壤是細細黃泥土，使用年輕樹齡的 AV2 樹種，手工完整
嫩採，展現出莊園頂級茶款滑順細緻的風味。

Tasting
Note

21 大吉嶺普特邦莊園・月樣春摘

風味結構
前段：白葡萄甜、冷冽花粉
中段：青麝香葡萄果肉、青芒果
尾段：白柚、青檸檬皮

茶款資訊
產地：印度大吉嶺
產季：2018 春
品種：特別拼配
初製：紅茶
精製：挑選乾燥

香氣	甜度	風味	滋味	口感	尾韻	平衡	乾淨
8	5	6	7	3	7	7	10

位於大吉嶺最北邊也是最古老莊園之一的普特邦莊園，以極致的拼配工藝出名。莊園主人想表現月光照射在水滴上，晶瑩剔透又飽滿的感受，利用不同品種、不同樹齡的風味特色，堆疊出細緻且飽滿的風味表現，年產量珍貴稀少只有10公斤。

[Tasting Note]

22 大吉嶺凱瑟頓莊園・慕夏月光

風味結構
前段：花蜜甜香、糖霜
中段：熟麝香葡萄果肉、
　　　香吉士
尾段：核桃果韻味、蜜甜

茶款資訊
產地：印度大吉嶺
產季：2016夏
品種：AV2
初製：紅茶
精製：挑選乾燥

香氣	甜度	風味	滋味	口感	尾韻	平衡	乾淨
6	5	7	5	8	4	6	10

Chapter 4 茶款 Tasting Notes

凱瑟頓莊園幕夏月光曾經在加爾各達拍賣場獲得最高的競標價，有著夏茶之王的美名，表現月光皎潔輕柔的風味。使用海拔1800公尺種植在礫石土壤AV2的樹種，完整手工嫩採芯芽，輕揉捻、重發酵製成口感細緻滑順且尾韻厚重的風味結構。

Special

—

Combinations
of
Tea & Spirits

—

茶與烈酒的微妙組合

茶混烈酒的嘗試

在 回到茶產業之前，曾經在紅酒進口商擔任過業務，一方面自己平常就愛小酌，另一方面是喜愛品嚐各種不同風味的飲品，在日常工作中可以認識更多飲品風味是超幸福的事。

當時覺得葡萄酒與烈酒的風味特色都俐落分明，雖然有些酒款濃度偏高，卻可以清楚判斷它們的風味表現，大部分人們也是因為能清楚分辨酒款的風味特色，而喜歡上品酒。後來創業了，覺得如果可以把西方與東方的飲品融合在一起，應該可以讓更多人愛上茶。因此在本書的最後，挑選幾款風味特色明顯的茶與酒融合在一起，看看它們在一起時會有什麼有趣的風味吧。

茶的風味細緻滑順，烈酒強烈厚重，選擇單寧結構紮實的茶款，結合甘甜系的酒款。像是焙火程度足夠的白露、單寧強烈的紅玉與陳年烏龍都是首選，配上甘甜的白蘭地、入雪莉桶的威士忌，對於愛喝酒的我來說，很可以！

大人的味道

| 選用搭配 | 白露 玉山熟香烏龍 茶湯160ml | 雪莉桶12年威士忌2ml |

白露的焦糖甜感與雪莉桶的果甜感交錯堆疊，中段酒的強烈感增強白露的茶感滋味，變得更加飽滿，紅肉李子的香氣走在麥香前面，穀物香氣帶出原先白露的龍眼木香，最後龍眼木與雪莉桶的木質感慢慢在口中化開。

茶 酒 譜
2

果漾蜜甜

| 選用搭配 | 紅玉茶湯 160ml | VSOP 白蘭地 3ml |

紅玉前段的熟果蜜香襯托出白蘭地的葡萄甘甜香，中段紅玉的肉桂香與白蘭地的輕微辛香料結合在一起，基底的葡萄味香氣因為紅玉的花香帶出來了，尾段紅玉的單寧與白蘭地的蜜甜結合起來，變成熟成的瓜果甜感，白蘭地平衡了紅玉的厚重感。

茶酒譜 · **3**

歲月的風味

用搭配 | 濃厚版 陳年烏龍 30ml | 蘭姆酒 20ml | 冰塊 30g

陳年烏龍的熟成甜感，稍微修飾了蘭姆酒入口的辛辣感，酒體原先太妃糖的風
味多了點熟成李子甜感，波特桶風味中帶出烏龍的香氣，加入陳年烏龍的蘭姆
酒更耐人尋味。使用高硬度的冰塊，充分雪克後出杯。

茶 酒 譜
4

不老紳士

選用搭配	民國73年 陳年烏龍 160ml	蘭姆酒 2ml

原本沈穩細緻的風味表現，滴入兩滴蘭姆酒，變得活潑飽滿。前段香氣熟果的香氣與蘭姆甘蔗甜感融合的巧妙，中段原本輕柔的滋味多了酒體的厚度，檀木香甜的尾韻增加了波特桶的香氣，整體口感非常match的一個組合。

茶 酒 譜

5

青春甜感

選用
搭配 │ 梨山蜜香烏龍 冷泡茶湯 160ml │ 義大利 Grappa 2ml

用冷萃的方式把蜜香烏龍的花粉香、蜜香與飽滿的滋味展現出來，低溫茶湯中
的蜜甜與 Grappa 的葡萄甜堆疊起來，輕微的果酸微妙銜接了兩種不同的甜感。
入桶3年，雪莉桶木質感輕盈，補足茶款尾韻。

識茶風味

拆解風味環節、建構品飲系統，司茶師帶你享受品茶與萃取

作者	茶米店・藍大誠（部分圖片提供）	發行	遠足文化事業股份有限公司
插畫	藍聖傑	地址	231 新北市新店區民權路108-2號9樓
責任編輯	黃佳燕	電話	（02）2218-1417
特約攝影	王正毅	傳眞	（02）2218-8057
美術設計	TODAY STUDIO	電郵	service@bookrep.com.tw
場地協力	IUSE	郵撥帳號	19504465
印務	黃禮賢、李孟儒	客服專線	0800-221-029
		網址	www.bookrep.com.tw
總編輯	林麗文	法律顧問	華洋法律事務所 蘇文生律師
副總編	梁淑玲、黃佳燕		
行銷企劃	林彥伶、朱妍靜	印製	凱林彩印股份有限公司
		地址	114 台北市內湖區安康路106巷59號
社長	郭重興	電話	（02）2794-5797
發行人兼出版總監	曾大福		
		初版九刷 西元2024年3月	
		Printed in Taiwan 有著作權 侵害必究	
出版者	幸福文化		
地址	231 新北市新店區民權路108-1號8樓		
粉絲團	Happyhappybooks		
電話	（02）2218-1417		
傳眞	（02）2218-8057		

國家圖書館出版品預行編目（CIP）資料

識。茶風味：拆解風味環節、建構品飲系統，司茶師教你享受品飲與萃取／茶米店 藍大誠著.
-- 初版. -- 新北市：幸福文化出版：遠足文化發行，2018.10　232面；17×23公分
ISBN 978-986-96680-7-1（平裝）　1.茶葉 2.茶藝

481.6　　　　　　　　　　　　　　　107013419

識。茶風味

TEA FLAVOR